服装制作基础
图解服装纸样设计与缝纫

HOW TO USE, ADAPT AND DESIGN SEWING PATTERNS

[英] 李·霍拉汉（Lee Hollahan） 著
姚珊珊 译

电子工业出版社
Publishing House of Electronics Industry
北京·BEIJING

目录

关于本书

要想让衣服非常合身，可以自己动手制作，做到"合身"以后，就可以在其中添加自己的设计细节了。每个人的体型不同，做出一件适合自己的衣服，从设计、制版到缝制，每一个步骤都很重要。

这是一本服装纸样设计、调整和缝纫流程全拆解的基础教学书。阐述了服装的局部和整体纸样的设计与改造方法，本书将指导你通过使用和调整商用服装纸样及纸样设计，制作出自己特有的服装。本书教授的是服装制版的方法，采用渐进式的步骤解说方式，大家可以根据自己手中已有的纸样举一反三，进行调整与制作。

工具与材料 (9~17页)

这一章你将获得一套实用指南，这些内容对于制版师来说是非常重要的，涉及工具、材料和与之匹配的不同缝纫方法。

使用

关于商用服装纸样 (19~45页)

这一章是关于商用服装纸样的使用指南。内容涵盖从按自己的身型购买一套纸样，到给自己精准量体，再到如何使用纸样套上的信息。你还会从中了解如何准备布料，以及如何用大头针固定、标记以及裁剪布料的方法。

调整

调整纸样 (47~61页)

购买商用服装纸样后，你可能会发现还需要做一些调整，从而让用它制作的服装更合身。因此，这一章将会讲解如何对商用服装纸样进行最常见的调整，以提高成衣的合身程度。

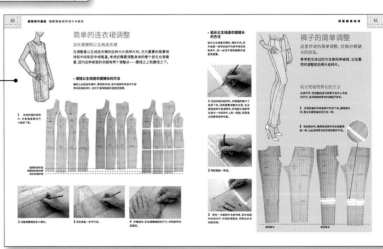

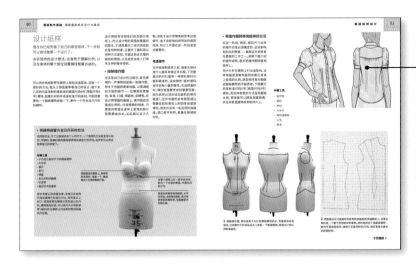

设计

设计自己的纸样 (63~109页)

要想设计一件自己的服装，就要设计出这件衣服所有部件的原型纸样。在这一章里，你不仅能学到如何用书中给出的原型纸样制作基本的服装部件，还能学到如何将其运用到适合自己的设计方案和风格样式中。此外，你还将了解在整个服装制作过程中，如何把平面的设计方案转变为立体的、独一无二的实体服装。

原型纸样 (111~125页)

在这一章中你将学到以美国尺码6~18号（英国尺码8~20号）为例的裙子、上衣、袖子原型纸样的使用方法。你需要使用网格进行等比放大，制作符合个体需求的原型纸样。之后根据自己的身材进行裁剪，并用上一章学到的知识来设计自己的纸样。

将原型纸样放在正方形网格中，每个格子的长宽均为2.5cm，这样就能轻易地把纸样裁片上的线条转拓在网格（制版描图）纸上了。

用颜色标记不同的纸样裁片，这样就能很容易地放大所需的纸样片了。

在将设计方案转到网格纸上的时候，网格编号有助于随时找到操作的位置。

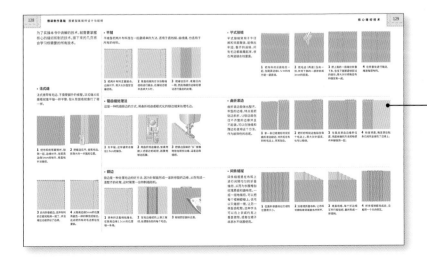

核心缝纫技术 (127~139页)

本章讲述关于核心缝纫技术的内容，对初学者来说是一份实用指南，对有制衣经验的设计师来说，则是一份随时可查的提示单。

Chapter 1
工具与材料

如果你想了解关于裁剪和缝纫必需的工具和材料的相关信息，本章将满足你的要求。此外，本章还提供了一份必要的器材使用指南，并讨论如何为设计方案挑选合适的面料。

基本工具
为了获得理想的成衣质量，选择正确的工具尤为重要。

关于设计、调整纸样以及裁剪所需的工具，接下来的几页内容将呈现一份指南。在14~17页中，将呈现不同类型面料的指南。

裁缝用面料剪
这种剪刀的刀片又长又直且锋利，因此，能够用来完成平稳的裁剪，适合快速裁剪面料。面料剪的刀柄和刀刃会呈一定角度，在使用时，刀片会平行于面料，以确保面料始终保持平整。这种剪刀的手柄形状较为特殊，使用时大拇指控制其中有较小孔的柄，其他手指控制有较大孔的柄，左右手都可以使用。注意，这种剪刀只能用来裁剪面料。

齿形剪
这种剪刀的刀片呈纤细的齿形，能够准确裁剪精致、轻薄或柔软的面料。对于丝绸、缎这种柔软的面料来说，齿形剪是理想的裁剪工具。

裁纸剪
留一把专门用来裁纸的剪刀是很有必要的，因为用面料剪去剪纸样很容易让刀刃变钝。裁纸剪不需要锋利的刀刃，但剪纸时必须干净利索。

齿牙剪
这种剪刀的边缘呈锯齿状，能够在面料上剪出清晰的锯齿形边缘，其剪出的"齿"能够让接缝处的毛边变得整齐，从而使面料不容易被扯散。

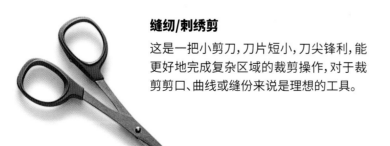

缝纫/刺绣剪
这是一把小剪刀，刀片短小，刀尖锋利，能更好地完成复杂区域的裁剪操作，对于裁剪剪口、曲线或缝份来说是理想的工具。

描样点线轮
这种工具要和裁缝复写纸（又称裁缝描图纸）一起使用，可以将线迹同时转印到面料的两面，这种工具适用于厚重的或纹理感较强的面料，因为在这些面料上很难分辨出标记。

针

对于纯手工缝纫和用缝纫机缝合后把线头藏到布料背面这样的操作来说，选择不同尺寸的针十分重要。对于普通的机器缝纫，通用的（多功能的）机针有不同的尺寸，以适应不同的面料和线程。而对于特殊的机器缝纫，例如丝绸缝纫或装饰线缝，就需要使用专用针了。所有的针都必须定期更换，因为，如果针尖变钝就容易钩坏面料。

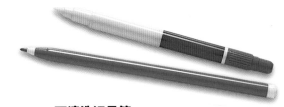

可清洗记号笔

在把纸样标记转印到面料上时，可以用可清洗记号笔。这种笔使用的墨水可以用湿布擦掉，或者用水洗掉，但是要确保这些面料可以用水洗。

制衣大头针

这种多功能大头针的作用是在缝纫前对面料进行固定，只适用于中等重量的面料。制衣大头针在处理纸样组织图的时候格外有用。

裁缝粉笔

裁缝粉笔是一种用来在面料上做标记的传统工具，在做完成衣的时候可以很容易地擦掉笔痕。其形状是可以滚动的圆润三角形，有不同的颜色。使用时需要保持边缘或尖角整齐，在面料的背面做标记，并选择与面料色彩对比强烈的颜色，以确保标记醒目。

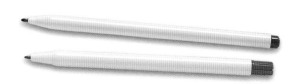

渐褪记号笔

渐褪记号笔也称为"可挥发笔"或"气溶笔"，可以替代裁缝粉笔和可清洗记号笔使用。渐褪记号笔的墨水会在48小时内褪色，但需要事先在所选用面料上试验一下效果。

纸样锥

当你很难徒手应对一些特定操作时，这个小工具可以帮你控制面料，例如，在缝纫机压脚的情况下，你想要牵引聚拢的布料边缘时，就要用到这种锥子。

卷尺

选择一把质量好的卷尺，既不容易打结，也不容易松弛。长度至少有150cm，刻度从尺子的一端边缘开始，不留空隙。

插针垫

最好是把针和大头针都安放在一个插针垫上，这样能避免各种针乱放引发的危险，要用哪种针的时候方便拿取。

缝纫机针

多功能机针也适用于普通缝纫机。根据不同的面料和线，可以选择不同尺寸的机针。美国尺码有9~20号，欧洲尺码有60~120号。针包上通常标记不同的尺码数字，数值越大，针就越大，也越结实。

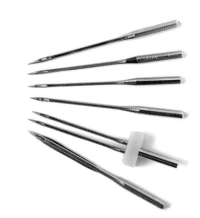

平纹棉布❶

便宜的原色平纹细布、床单布（阔幅平布）或其他平纹棉布，主要用于制作样衣——为了检验纸样而做的测试版成衣（见68~71页）。

裁缝描图纸❷

通常和描样点线轮一起使用，通过在表面描印色点来标记面料（见44页）。

裁缝纸样片❸

用网格做标记来辅助创建和调整纸样，可以买成品，也可以自己做。

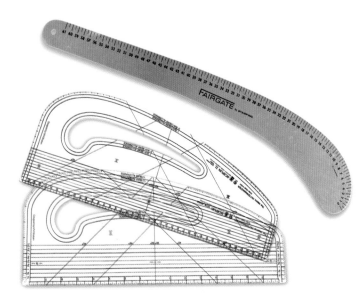

制衣曲线板/量裙曲线板

这种由塑料、木材或金属制成的模板有多种形状，可以辅助在纸样上绘制曲线。例如，画裤子或裙子的臀部曲线时就会用到。如上图所示，这种有5cm×3cm清晰曲线，并带有0.5cm网格的曲线板格外实用。

服装人体模特

可以在完成最后的缝纫之前使用人体模型进行试穿和调整，从而让成衣更合身。可调整的人体模型是理想的选择，它的大小很容易调整成你自己或客户的尺码。时尚行业通常使用的是表面为纯色或亚麻材质的人体模特，模特上清晰的缝线有助于进行准确的纸样裁剪，但这些缝线是不可调整的，仅适用于标准尺码的衣服。

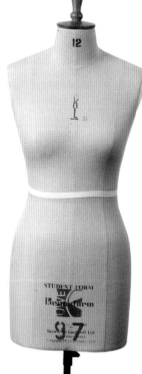

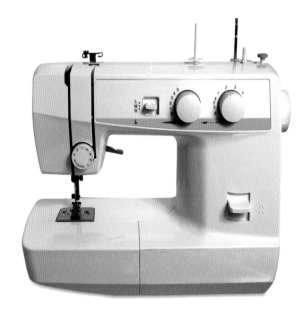

缝纫机

如果想得到结实的缝合线，或者整洁、专业地完成衣服制作，一台缝纫机是必不可少的。缝纫机工作的原理是通过连接上线和底线，将面料缝合在一起。针脚的松紧和长短都可以根据面料进行调整。现代的缝纫机还可以根据不同的工作需求提供不同的针法。

熨斗和熨衣板

熨斗和熨衣板是熨烫面料必不可少的工具，也可以用来熨平纸样片。同样不可或缺的还有烫凳，用来熨压衣服的袖口、腰线和领口等弯曲部位。

线

对于线的选择，首先要考虑的是手缝还是机缝；其次要选择与面料纤维类似的高质量丝线，即棉布选用棉线，合成纤维面料选用涤纶线等。线的颜色也要选择和面料相似的，这样就能让线更好地融入面料，或者选择对比强烈的颜色，以达到装饰的效果。高质量的线对于缝纫来说必不可少。

通用线

用涤纶或丝光棉纺成的线，或者涤纶包裹棉芯的线，这些线适合在缝纫机上使用。

丝线

丝线是缝纫丝绸和羊毛面料的理想选择，因为其柔软、温和，手缝时比较好控制，不容易打结。

机绣线

这种线由涤纶或人造丝制成，光泽度较高，也可以在棉布甚至羊毛面料上使用，会有一种亚光的效果。

金银丝线

这种线既可以用于手缝，也可以用于机缝。如果是机缝，就需要用大针眼的专用针，防止其破损或断裂。

羊毛尼龙线

这是一种既柔软又结实的粗线，可用于包边缝纫机的弯针。作为一种松纺线，它能更好地覆盖接缝或边缘，适用于平锁缝和镶边缝。这种线比较粗，并不适合包边缝纫机的机针使用。

手绣丝线

这种线包括弯曲的珠光线、可以根据需求劈开分股使用的松缠绞合线、柔软的刺绣丝线，以及织锦纱线。这种线很粗，所以不适用于机缝针，但可以穿在包边缝纫机的弯针上，用于装饰性的平锁缝和镶边缝。

梭芯填充线

这是一种细线，通常有黑、白两种颜色，用在缝纫机的梭芯里，做机绣时使用。这种线可以让刺绣图案更紧致。

绗缝棉线

这种柔软的棉线不如通用线结实，但易于拆除又不会损坏面料，所以很适合用于临时性的手缝。

面线

这是一种很结实的粗线，能够得到轮廓清晰的缝边。用于明缝、手缝扣眼以及纽扣的缝纫。这种线需要配合大针孔的面线针，和通用线一起绕在线轴上使用。

挑选面料
选择不同质地和颜色的面料

为自己的服装挑选面料时，重点是去考虑面料的纤维成分、质感（手感）、垂坠感和颜色等，在某种情况下，还要考虑印花的尺寸或水平拉伸的弹性。一旦面料经过裁剪，就无法再复原了，也就是说如果出错，代价将十分昂贵。

关于某种成衣设计需要何种面料，在商用服装纸样中就可以找到非常有用的建议。对此你可以查看一下商用服装纸样套的背面，上面会有关于适用面料的列表，上面的内容包括所需面料的宽幅，以及你需要去购买多少米的面料。棉、麻面料的标准幅宽一般为90~120cm，有时甚至会在130~150cm。羊毛面料一般都由宽幅织机织成，通常情况下幅宽为150cm；针织面料的幅宽一般在140~150cm。

在挑选面料时不要过分相信自己的眼睛，必须在另一件衣服的颜色比较下去选择。例如，你很难在脑海中想象绿色的光影变化——在色彩组合中，当绿色和蓝色或黄色摆在一起时，会产生微妙的色调变化。所以，在逛布料市场时，要带上原版的衣服做比较，才能确保找对颜色。

花点儿时间去寻找符合需求的完美面料。举例来说，轻盈的灯芯绒十分耐用，适合用来做童装；轻柔、光滑的针织面料则适合做线条流畅的连衣裙。

最后，当你把挑选好的面料带回家时，不要叠起来存放，而是要卷起来存放，这样不容易形成难以去除的折痕。

关注以上这些细节会帮助你更好地制衣，但更进一步，搭配好面料的颜色和质地，使其完美胜任自己的设计，会让你制作的成衣成为一件艺术品。

一般来说中质机织面料比较好处理，是初学者的首选面料。相较之下，硬挺的、较重的面料或者精致的、轻盈的面料缝纫难度要大得多。

- **棉布面料**

传统棉布是由纯棉纺成的，但现在经常和涤纶、人造丝混纺，甚至相互替代。

棉 一种纯天然产物，易于染色。这种材质容易缩水，因此，最好在裁剪之前先进行预缩。可以事先用蒸汽熨斗烫平或洗烫。棉布通常要沿着布纹线裁剪，以保证其稳定性，但也可以通过斜裁、斜缝让衣服便于穿着，或者以此达到设计上的对比效果。

印花棉布 一种轻质的平纹织物，通常带有印花图案。由于比较耐洗，所以很适合做休闲装和童装。

斜纹棉布 一种带有轻柔光泽的中质斜纹棉布，往往会染成米黄色，常用于制作休闲裤。还有一种重一些的斜纹棉布，染成深蓝色或黑色，适合做工作服。

细棉布 一种精细、轻质的纯平纹棉布，是制作童装、女式内衣、手帕和女士衬衫的理想面料。细棉布十分结实，能够用世代相传的缝纫技术制作手工刺绣或机器刺绣装饰。

宽幅棉布 一种中等重量的细罗纹面料，有纯棉和涤棉混纺两种。宽幅面料通常

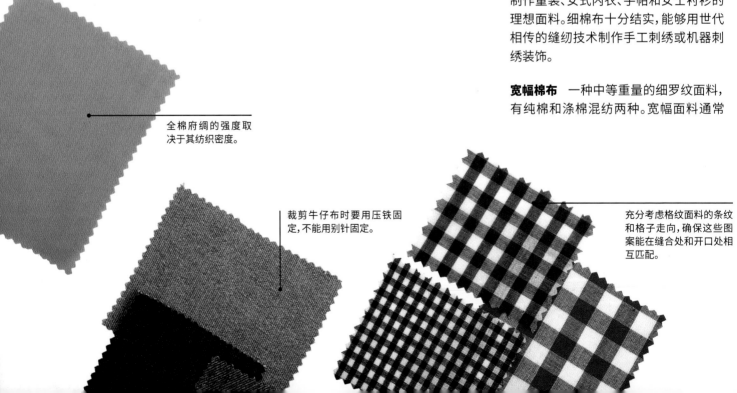

全棉府绸的强度取决于其纺织密度。

裁剪牛仔布时要用压铁固定，不能用别针固定。

充分考虑格纹面料的条纹和格子走向，确保这些图案能在缝合处和开口处相互匹配。

用于制作衬衫。

全棉灯芯绒　一种棉制面料,批量织造后再切割出肋骨状的凸纹。这类布料有不同的重量——轻质的细线绒非常适合制作童装、夹克和宽松的裤子;重质的灯芯绒比较保暖,适合做运动服。灯芯绒还有一种变体,即非割灯芯绒,有天鹅绒般柔软的绒毛。

全棉细布　这是另一种重量较轻的平纹棉布。这种面料通常很薄,但足够结实,能做童装上典型的细褶和伸缩绣缝,也很适合做夏季衬衫和连衣裙。

全棉府绸　全棉府绸是一种密织棉布,有独特的水平罗纹,这种面料耐磨、耐洗,比较适合做裙子、裤子和夏装夹克。

牛仔布　一种重质棉布,通常会染成蓝色,上面有白色纬线和蓝色经线组成的斜纹,适合做工装、牛仔裤、裙子、夹克和童装。

格纹布　一种重量适中的面料,有纯棉和混纺棉两种,格子或条纹的图案是用事先染色的纤维织成的。

亚麻布　一种比较挺括的面料,从古至今一直用亚麻植物的天然纤维织成。亚麻材质使面料更结实、更具吸水性,也更具天然光泽。就像棉花一样,以前这种纯天然面料一般都是单独使用的,但现在也和其他材质混合使用,以获得全新的质感。例如,纯天然亚麻比较容易起皱,添加涤纶就能有效缓解,也可以根据需求添加丝绸和棉花。

亚麻面料很容易起皱,而这也正是它的迷人之处,况且起皱后很容易用蒸汽熨斗熨平。这种面料也比较容易上色,可以染成各种时尚颜色。天然亚麻或未染色的亚麻有各种不同的重量,还有从淡象牙色到棕褐色等不同的色度,"纯白"亚麻实际上是经过严重漂白后的颜色。因为亚麻本身的质感比较硬,所以它是制作服装的理想面料,从轻质的女式衬衫到重质的夹克都可以使用这种面料制作。

平纹细布　一种平价的粗织棉布。不同种类的中质平纹细布常被用来做"假"裤坯或裙版,在用昂贵的面料制作最终的成衣之前,用这种白坯来测试衣服是否合身。平纹细布也适合做衬里。

• 超细纤维面料

这些"神奇"的超细纤维面料是现代的发明,是一种以尼龙和聚酯纤维为材料,用化学的方法生产的细丝。和传统面料的丝线比起来,制作这种面料所使用的超细纤维极其轻薄,因此,编织也十分密实。超细纤维面料有着与天然面料同等的质感和垂坠感,虽然比较轻,但却经久耐用。这种面料是仿制丝绸的理想材料,但它也有很多用途。

超细纤维面料往往能防风、防水,因此,很适合做保暖性较好的户外服装和防雨服装。超细纤维面料也非常耐洗,但有一点需要注意:由于这种面料有人工合成的化学成分,往往是热敏的,所以在熨烫或干洗时需要格外小心。

轻质超细纤维　在制作内衣和轻薄衬衫时,可以作为丝绸的替代品使用。

中质超细纤维　用来制作衬衫、裙子这些柔软且有垂坠感的衣服,也会用在运动服(跑步和自行车运动)的制作上。

较重质的超细纤维　制作夹克和雨衣时会选用这种面料。

• 丝绸面料

一种纯天然面料,5000年前由中国的织工发明,他们打开了蚕幼虫的轻薄外壳,并用所得的丝线织成了富有光泽的绝美面料。格外强调一下,100%纯真丝的缎纹织物很好处理,而便宜一些的人造合成纤维通常用来制造外观相似的面料,但不是很好处理,而且如果用熨斗熨烫可能会熔化。丝绸很容易染色,既可以染成鲜亮的色彩,也可以染成柔和的颜色。丝绸是制作女士衬衫、新娘礼服,以及晚礼服的理想面料。

绉纱　一种质地轻盈的亚光平纹丝绸,光泽柔和。有一种仿绉纱的涤纶面料十分常见。绉纱手感柔软,是制作内衣、衬衫和晚礼服的理想面料。

超细纤维垂坠感好,不容易贴附或起皱。

双宫绸的颜色变幻莫测,根据所反射光线的不同,而呈现不同的色彩,因此,无论裁剪成什么形状都必须沿着同一方向进行。

双宫绸 是一种奢华的重质丝绸，由双宫茧的丝做成，上面分布着不规则的水平纱节，是制作正装和新娘礼服的理想面料。

电力纺真丝 又称作"中国丝绸"，是一种平价、轻质、有光泽的丝绸面料。可以做外套、夹克的精细衬里，可以印上色彩丰富的图案。如果要制作华丽、轻质的丝巾，电力纺真丝也是一种不错的选择。

真丝欧根纱 一种真丝面料，用高捻度的丝线纺成，因此非常结实。其质地挺括，有光泽，多用于制作新娘面纱和礼服以及其他正装。因为其重量较轻，所以处理难度大。有一种用真丝欧根纱制作完美裙摆的方法，就是把它卷起来，手工缝制褶边。这种面料既轻薄又结实，因此很适合做衬料。

• 羊毛面料

用动物（主要是绵羊）身上剪下的毛发加工而成的纯天然面料。"纯羊毛"是指羊毛含量为100%的面料；如果面料上标记了羊毛混纺，那其中纯羊毛的含量必须在55%以上，然后和其他面料（通常是丝绸）混纺。机织羊毛的质地一般比较蓬松，也比较保暖。与之相对应，羊毛也能起到隔热的作用，是在沙漠地区穿着的服装的常见面料，这种面料还有天然的防污、抗皱性。羊毛面料千差万别，不同的羊毛产地、单独使用还是与其他纤维混合使用，以及不同的织法，都会产生不同的面料，这也是它广泛适用于制作外套或蓬松的针织毛衣等的原因。

驼绒 一种用羊毛和取自骆驼腹部的纯天然软毛混纺而成的面料。驼绒是一种奢华的面料，手感十分柔软，适合做大衣。通常所说的"驼绒"，其颜色一般是骆驼绒毛天然的棕黄色。

山羊绒 另一种奢华的面料，用克什米尔山羊毛皮下层的细腻绒毛混纺而成。质地柔软的山羊绒可以用于制作毛衣或其他针织衣物。机织山羊绒则是制作大衣和夹克的理想面料。

羊毛格子呢 一种带有彩色格纹的羊毛斜纹面料。古代苏格兰氏族在他们独有的色彩选择范围中制作了他们特定的格子呢。羊毛格子呢非常适合制作短褶裙，并能很好地保持上面的褶皱纹理。

并不是所有的羊毛格子呢都有均匀分布的格子图案，也不是都有平衡对称分布的彩色线条，有些格子呢面料中的彩色线条可能并不是均匀分布的，所以就一定要在正式裁剪服装各部件之前，根据格纹分布小心布局纸样片。

精梳羊毛 一种更昂贵的羊毛面料，有着独特的光滑质感。这种细羊毛能很好地适应时装裁剪技艺中常用的蒸汽压制，也很容易形成柔软的垂坠线条。

机织羊毛 一种柔软、保暖的平织面料，是制作冬季外套和夹克的理想选择。轻质的羊毛混纺面料适合做西装和裤子。

• 针织面料

针织面料并不是用经纬线织成的，而是用环形线圈串套在一起编成的。制作针织面料的丝线、纱线所使用的纤维，可能是天然羊毛、棉、合成纤维，或者以上材料的各种混合物，因此可以制造出多种多样的针织面料。

双面针织面料 这种面料正反两面的织造方法是一样的，原材料可以是棉、混纺棉、羊毛或其他纤维。双面针织面料有一定的弹性，在制作成衣时需要考虑这一点。中质的双面针织面料不易变形，但又能让衣服穿起来活动自如，因此，比较适合做裤子和夹克。轻质的双面针织面料既不容易变形，又有良好的垂坠感，因此适合做连衣裙。

双螺纹编织面料 一种精细、稳定的单面针织面料，通常用棉花或棉涤混纺制成，非常适合做T恤衫、休闲外套和内衣。

氨纶 一种高弹纤维，一般不单独使用，而是和其他针织纤维混合使用，织成舒适、有弹性的面料。以前这种材质只用来做女式内衣和泳装，现在氨纶有了新的用途，即与棉或棉涤混纺来制作休闲服等。

运动服面料 这种重质针织面料穿起来保暖、舒适，而且弹力较大，适合做宽松的服装和运动装。

用染色后的格纹纱线织成带有彩色格纹的布料，形成格子图案。

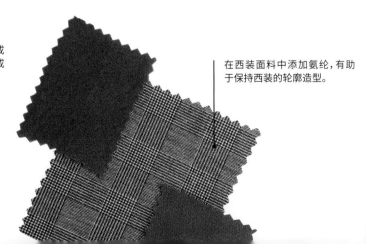

在西装面料中添加氨纶，有助于保持西装的轮廓造型。

经编织物　一种纤细的经编针织面料，通常用尼龙纺成，横向有弹性，纵向没有弹性。这种面料柔软、光滑，有良好的垂坠感，非常适合做内衣。

• 动物面料

动物皮毛或人造仿品都属于动物面料。

人造毛皮　仿照昂贵的动物皮毛专门制作的面料。由于这些面料制作得非常专业、精良，因此，许多人造毛皮甚至可以以假乱真，至少乍一看无法区分，它们的价值在于提供了一种真动物毛皮的替代品。用这种面料制作夹克、外套时需要特殊的缝纫技术。

绒面革　一种合成面料，耐洗耐用，适合做夹克和运动衫。这种面料是仿真翻毛皮的，所以在缝纫时必须和真翻毛皮用同样的方法处理。

皮革　适合穿戴的动物皮或毛皮，现在珠面皮有各种时尚的颜色。由于各国动物保护法的规定，一些动物皮是被限制使用的。皮革需要特殊的缝纫方法，在具体使用时可能需要买一整块皮革，而不能只买特定的数量。

• 特殊面料

特殊场合穿着的服装采用最奢华、最昂贵的面料，用各种各样的工艺把一切可使用的材质加工成特殊面料和成衣。

圈绒　一种羊毛或羊毛混纺面料，也可能是羊毛精纺纱，用特殊工艺制作的线圈构成。机织羊毛圈绒表面有块状的整体效果，很适合做香奈儿风格的夹克。毛圈花式线，也适合做针织毛衣。

雪纺　一种超轻薄纱，通常用真丝线做成，低成本的雪纺则用涤纶制作。雪纺具有良好的垂坠感，大量运用在正装的制作上。这种面料很难处理，在制作晚礼服裙宽松的下摆时最好手工缝制，或者用包边缝纫机缝制。

花边　一种带图案的编织稀松的织物，通常用于制作晚礼服、新娘装、内衣和睡衣等的饰边。花边用丝、棉或合成纤维丝线制成。有的花边是手工钩编的，还有的则是用细线或绳子在网底上刺绣而成的。

缎　一种用丝、棉、合成纤维纺成的面料，表面带有光泽。丝硬缎是一种重质、昂贵的缎，主要用于制作新娘礼服和晚礼服。

塔夫绸　一种平纹丝绸面料，也是用涤纶和醋酯纤维做成的。这种面料比较挺括，以运动时摩擦能产生的"沙沙"声闻名。平价的塔夫绸很适合做儿童化装舞会服装，这种面料通常只能干洗。

薄纱　一种细网面料，通常用尼龙制成，质地较硬。薄纱最常见的用途就是支撑新娘装或晚礼服宽裙的衬裙。

天鹅绒　一种簇绒面料，最好的是用丝线纺成的，但也有用棉、人造丝、合成纤维量产的。短线环切割成密集的绒头，朝着同一个方向分布。光线投射在绒头的斜面时，会从中反射出深浅不一的颜色，所以裁剪纸样片时必须多加小心。所有的纸样片都必须朝同一个方向裁剪，这样才能确保衣服的颜色统一。注意，天鹅绒还需要特殊的熨烫技术。

里料

有些材料是专为衣服的内部结构设计特制的，在外面看不到，但对于制作一件完美的成衣来说却必不可少。

里衬面料　用于制作里衬，来支撑衣服的形状。马尾衬是用棉混纺天然马鬃或混纺合成纤维做成的面料，主要运用在专业的服装制作中。机织或黏合的热熔衬有各种不同的重量，其背面带有热熔膜。热熔面料可用于辅助塑造、支撑衣服的领子和领圈等细节部位。

稳定材料　稳定材料有很多种，在装饰时尚面料的时候，会用稳定材料来支撑。要根据服装和面料的需求，选择适当重量的稳定材料，无论哪种重量的稳定材料都可以移除、剪除或清洗。

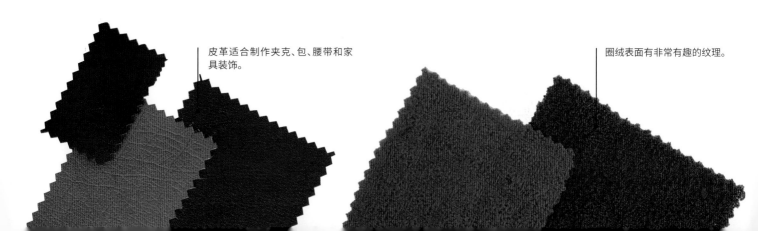

皮革适合制作夹克、包、腰带和家具装饰。

圈绒表面有非常有趣的纹理。

Chapter 2
服装构成与制作基础

商用服装纸样让人们能够在家中制作自己的服装。本章从量体、改版、打版到挑选面料，每个流程及技巧都采用渐进式的步骤解说，可以灵活运用于所有服装类型。

为什么要用商用服装纸样

商用服装纸样为裁剪和制作衣服提供了一种简单的方式。

购买现成的纸样有很多好处。商用服装纸样中包含了制作所选款式服装需要的所有信息。一个纸样通常包括多个尺寸，为了让成衣更合身，可以将这些尺码中的元素相结合。纸样套外面有一份详细的指南，内容包括所需的扣件、装饰，以及适用的面料、所需数量，还有对里布和内衬的要求。除此之外，其中还有一份包括更多制作细节的信息表。

商用服装纸样

在商用服装纸样中有许多品牌和种类，其中有各种各样或简单或复杂的设计，从适合初学者裁剪制作的非常简单的连衣裙，到老裁缝才能胜任的精致时装，都可以从中找到。

早期的纸样

自从19世纪30年代，商用服装纸样在英国和法国推行以来，其质量已经有了大幅提升。那时的纸样在周刊或月刊杂志上都可以看到，但它们都是用劣质的生活用纸制作的，上面并没有印什么内容。直到1910年，详细的说明清单才出现在纸样片中，但其中几乎没有辅助裁剪和制作衣服的技术信息——所有信息都印在杂志上。在19世纪，家庭裁缝需要具有高超的技术才能看懂这些早期的设计。

选择正确尺寸的纸样

你可能已经确定了要使用的商用服装纸样，但在买下它之前，需要明确自己所要购买的尺寸。为了达到这个目的，就要对自己（朋友）做一些基本的测量。注意，不要用你的标准尺码（你在商店买成衣时，所使用的尺码），商店里销售的衣服尺码和商用服装纸样的尺码是不同的——商店成衣的10号可能相当于商用服装纸样的12号，不过大多数纸样公司都使用同一个模特尺码（如果你用VOGUE品牌的14号，那么McCall's品牌的也用14号），本书第22~23页会讲解如何准确给自己量体。在购买商用服装纸样时需要考虑的主要尺寸就是胸围和臀围。买裙子纸样时使用臀围，买上衣纸样时使用胸围，买连衣裙或一套纸样时，则两个尺寸都要使用。

倒三角形身型

圆形(苹果形)身型

椭圆形身型

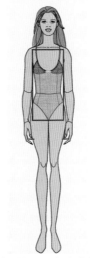
瘦、高的矩形身型,或者
直筒形身型

沙漏形身型

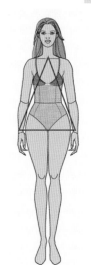
正三角形(梨形)身型

身型

给自己做衣服的一个好处就是可以量身定做,当然,选择适合自己的服装款式也很重要。在购买纸样时,需要考虑哪种款式能和自己的身型相得益彰。这里简述了一些常规的身型,将帮助你根据自己的身型找到最好的搭配。

• 倒三角形身型

选择　腰部以上线条平整、简洁的设计,尽量缩小肩膀和胸部的宽度。仔细挑选领子和领口,避免烦琐的细节。在面料选择方面,平纹布料、小印花布料以及质地较轻的材质都比较适合。

避开　盖肩袖、泡泡袖以及肩饰。选择设计简单的袖子款式。应避免高腰的款式或带育克、收腰、褶边的设计。

• 圆形(苹果形)身型

选择　有漂亮领口的上衣、夹克或连衣裙,这样比较吸引人,并让视线远离腰部。搭配围巾、珠宝和鞋,也能达到这种效果。选择面料柔软的上衣或夹克,以遮挡腰部。

避开　紧身的上衣和连衣裙。不要用腰带或集中在腰部的显眼装饰,这样会让人的注意力都集中在你的腰部。还要避免

明亮、鲜艳的颜色,尤其身体的中间部位更要避免,也不要穿短款的上衣。

• 椭圆形身型

选择　那些让视线远离身体核心的设计,不要有横在腰部的腰带、镶边或缝线。选择连衣裙或丘尼卡是比较适合的,用长上衣搭配裙子和裤子也不错。粗项链和大耳环比较吸睛,也能帮助转移对腰部的视线。

避开　紧身T恤衫和凸显腰部的款式,例如有腰带的、收腰的或弹性腰头的设计。穿时,千万不要把衬衫塞进裙子或裤子里。

• 矩形身型与直筒形身型

选择　胸部、臀部带设计细节的款式来营造形体错觉。选择有纹理和图案的面料,例如粗呢针织、细羊毛、丝绸、缎。

避开　紧身铅笔裙、修身直筒裤,以及紧身T恤衫,因为这些款式会放大又细又长的身材缺点。

• 沙漏形身型

选择　能披在身上的柔软款式,不要选择定制款,否则会让人显得庞大。飘逸的平纹针织衫或斜裁的款式能够强化沙漏形的身型。平纹面料或细碎的印花比较适

合这种身型。

避开　挺括的面料和方正的夹克,因为它们太过于棱角分明了,不适合塑造形体的曲线。本身没有固定形状的、直筒的连衣裙对沙漏形身型也并不友好。比较大的印花、厚重的质地以及格子纹样都会增加体型的宽度,因此也应该避免。

• 正三角形(梨形)身型

选择　带有装饰细节的上衣和夹克,例如口袋、褶边、刺绣等,这会让你的上半身更吸引人,从而让注意力远离臀部。需要注意衣服的长度,不能让衣服的中线横穿臀部,这会放大身型的缺点。

避开　带颈托和高领的上衣,这些款式会强化窄肩和平胸的缺点。锥形的收脚裤和紧身裤都对梨形身型不太友好,尤其是搭配宽松上衣的时候,就会显得身型更大、更厚重。

如何精准量体

几个重要的身体特征点

在量体时,准确性是非常重要的。能不能做出一件匀称、合身的衣服完全取决于此。在量体时,要把卷尺平放在身体上,不要拉紧或弯曲,尽量保持水平测量。

提示

- 工作臂(取决于你是左利手还是右利手)可能会比另一只手臂更长,最大能多出2~3cm!如果是这样,使用时最好以工作臂的尺寸为准。

复印这个表格

记下量得的所有尺寸,如果时间久了你的身材可能会发生变化,记得要重新测量。

测量表

特征点	标准尺寸 美版8码(英版12码)	个人 尺寸
1.胸围	87cm	
2.腰围	68cm	
3.臀围	92cm	
4.前中,颈到腰	32cm	
5.前中,肩到腰	34.5cm	
6.小肩宽	9cm	
7.颈围	37cm	
8.中点,肩端点到胸	23cm	
9.后中,颈到腰	40cm	
10.后中,肩到腰	42cm	
11.臀高	20.5cm	
12.前中,腰到地	103cm	
13.前中,腰到膝	58.5cm	
14.背长	23cm	
15.后中,腰到地	104cm	
16.上臂围	34cm	
17.臂长	56.5cm	

准备开始时

量体从向朋友求助开始,因为你几乎无法自己独自进行精准测量。使用裁缝用的量体卷尺,测量时脱掉所有的外衣,但需要穿着内衣。使用美版8码、英版12码的标准尺码来与自己的量体尺寸进行对比。

用左侧图表为指引,明确都需要去测量哪些部位。这些测量点被称为"特征点"。可以在内衣上贴标签,来标记身体上的特征点。注意,量体时要双脚并拢站立。

• 成人

三围

1.胸围:胸部最丰满处(尺子保持水平状态)。

2.腰围,肚脐上方2.5cm处。

3.臀围:臀部最丰满处。

前衣片

4.前中,颈到腰:从颈底到腰的长度。

5.前中,肩到腰:从颈底肩端点到腰的长度,过胸。

6.小肩宽:从颈底到肩尖的长度。

7.颈围:绕颈一圈的长度。

8.肩端点到胸:从肩部中心点到胸顶点的长度。

后衣片

9.中点,肩端点到胸:颈到腰,在后背中心上找到脖子下方的大块骨骼,测量从颈底到腰的长度。

10.后中,肩到腰:从颈底肩端点到腰的长度。

下躯干

11.臀高:腰线前中点到臀围最丰满处的长度。

12.前中,腰到地:前中线上从腰到地面的长度。

13.前中,腰到膝:前中线上从腰到膝盖中心点的长度。

14.背长:下躯干的长度(胸线到腰的长度)。

15.后中,腰到地:后中线上从腰到地的长度。

臂

16.上臂围:环绕上臂一周的长度。

17.臂长:手臂微微弯曲,测量从肩膀到手腕的长度。

量体期间

在量体时要寻求朋友的帮助,因为测量期间如果你弯腰了,或者卷尺扭转弯曲了,都会影响数据的准确性。

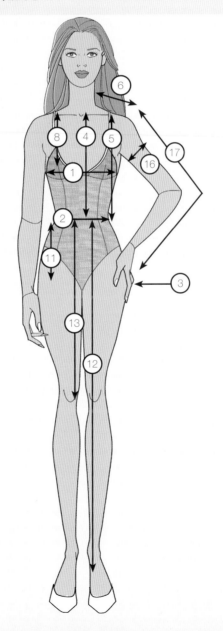

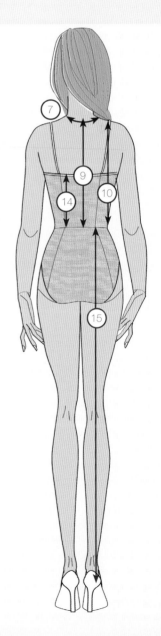

• 儿童

在对儿童量体时,采用和成人量体同样的方法。再次提醒,让孩子脱掉所有外衣,因为你是在测量身体,而不是测量衣服。

在孩子的腰部系一根松紧带或者粗线,让孩子向一侧弯腰,松紧带就会固定在腰的位置。

相比成人服装来说,制作童装更快,也更容易,主要是因为要保证孩子的活动和生长都不受限制,还要便于孩子自己穿衣服,所以童装的设计通常都更为简单。因为孩子到了青春期(女孩大概是10岁,男孩大概是12岁)之后,胸、腰、臀才会发育得更明显,所以青春期前的孩子穿的衣服使用的纸样一般都比较平,不需要省道塑形。

儿童的"特征点"及其位置

下面列出的是"特征点",以及如何在儿童的身体上测量这些特征点。胸、腰、臀的测量是最重要的。要购买测量数据上带有"*"标记的纸样。

1:*胸围

2:*腰围

3:*臀围

4:*后中长(颈到腰)

5:*身高

6:肩宽

7:裆深

8:内腿长

9:外腿长

10:后中(腰到地)

11:后中(腰到膝)

12:臂长

为儿童量体

在腰部系一条松紧带,让孩子向一侧弯腰,松紧带会随着动作移动,最终停住的地方就是孩子自然腰线的位置。

保留腰部的松紧带,让孩子坐在凳子上,这样就可以测量孩子的裆深了。

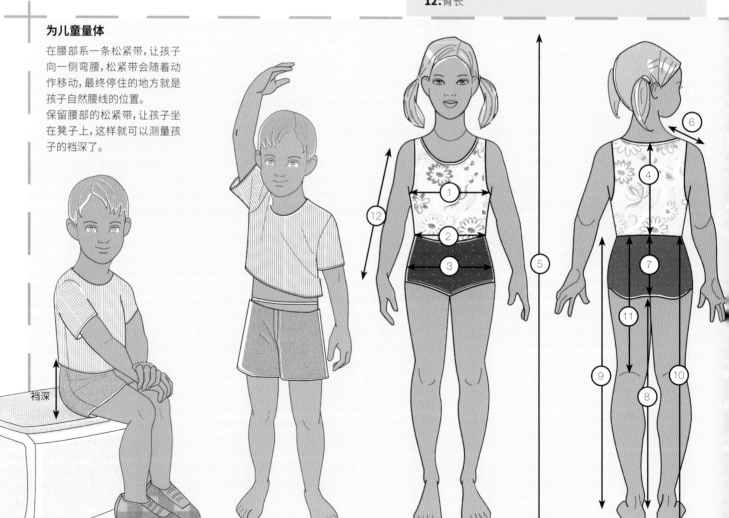

裆深

应该买什么尺码的纸样

童装尺码是根据不同年龄段划分的。首先是2岁到6岁的"儿童"尺码，最小号是2岁，那时候孩子已经可以站立并且不用尿不湿了。另外是7岁到10岁的"男孩和女孩"尺码，这期间不同孩子的成长情况不一，所以这些尺码只是一个大概的参考。

儿童尺码表（2—6岁）

童装纸样尺码

尺寸	特小号	小号		中号		大号
	2	3	4	5	6	6X
胸围	53cm	56cm	58cm	61cm	64cm	65cm
腰围	51cm	52cm	53cm	55cm	56cm	57cm
臀围	–	-	61cm	64cm	66cm	67cm
后背长	22cm	23cm	24cm	25.5cm	27cm	27.5cm
大概身高	89cm	97cm	104cm	112cm	119cm	122cm

男孩和女孩纸样尺码（7—20岁）

尺寸	小号	中号		大号		特大号
	7	8	10	12	14	16
胸围	66cm	69cm	73cm	76cm	81cm	86.5cm
腰围	58cm	60cm	62cm	65cm	67cm	68.5cm
腰围	69cm	71cm	76cm	81cm	87cm	91.5cm
后背长	29.5cm	31cm	32.5cm	34.5cm	36cm	38cm
大概身高	127cm	132cm	142cm	149cm	155cm	156cm

测量表

比照右表中带"*"的测量数据来购买纸样。数据6到数据12是需要根据个体情况进行调整的。因为孩子长得很快，所以要经常对他们进行量体，他们可能身高长了但围度没变，或者身高没变但围度增长了。如果测得孩子的实际尺寸正好在一大一小两个标准尺码之间，那么一般来说，选纸样时建议选大号的，然后在具体操作时把它改合身即可。

因为儿童的尺码区间和成人不同，所以首先要对孩子进行量体，把数据填在表格的右列。再把孩子年龄相应的纸样尺寸填在表格中列，然后再对比两列数据。

复印这份量体表

特征点	标准尺码	个人尺寸
1:* 胸围		
2:* 腰围		
3:* 臀围		
4:* 后中长（颈到腰）		
5:* 身高		
6: 肩宽		
7: 裆深		
8: 内腿长		
9: 外腿长		
10: 后中（腰到地）		
11: 后中（腰到膝）		
12: 臂长		

购买商用服装纸样的方法

完成对自己的准确量体之后，就可以购买纸样了。

很多百货公司和连锁商店都有缝纫区，在那里可以找到很多不同纸样公司发售目录。其中一些是季节性发售的，也有每年发售两次的。纸样的价格因品牌而异，一般从3.4美元到30美元不等。

纸样目录

纸样目录分很多种，仔细查看上面的标签有助于快速挑选需要的纸样。最好花些时间翻阅这些标签，因为不同类目会引导你找到女装纸样、体型类型、设计师品牌、男装纸样以及童装纸样。目录一般也会标记特定纸样所需要的技术水平。一些纸样公司的产品还包括戏服、配饰、家居饰品，以及洗礼（基督教的）、婚礼等特殊仪式服装的纸样。

网购纸样

科技发展为购买纸样提供了新的途径，有很多线上的纸样公司和裁缝店可供选择。这些公司有的用邮件方式售卖纸样，有的则提供纸样的电子版，可以直接下载、打印。很多线上纸样公司都设有线上聊天室，"家庭裁缝们"可以在里面互相交流缝纫经验，同时还可以展示已完成作品的照片，也可以加入俱乐部，定期获取特价商品信息。一些"服装博物馆"和设计师品牌也提供可以下载的纸样，而且往往是免费的。

自行下载纸样的优缺点

自行下载纸样有优点也有缺点。最明显的优点就是可以立刻获得所需纸样；而最大的缺点则是，除非有一个大幅面的打印机，或者有机会能借用一台，否则就要煞费苦心地把纸样片分开打印然后拼在一起，较复杂的款式会需要花费大量的时间和耐心。

打印、组装下载的纸样

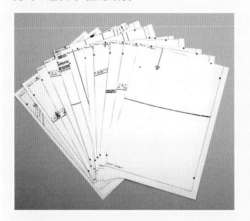

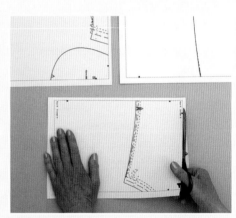

1 用普通家用打印机打印下载的纸样，只能是21cm×29.7cm的标准纸张尺寸，并带有明显的边框。每张纸上都标有行、列编号，以便在组装时准确定位。

2 首先，把打印出来的纸张按照每行的编号（数字或字母）进行排列、裁剪（剪掉顶部和左侧的空白边缘）。

3 把这些纸样片粘在一起形成一整排。要特别注意黑方块的位置，整个拼贴过程都要尽可能准确。

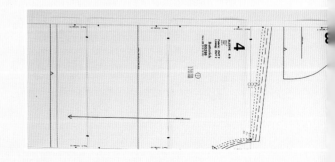

标签类目

- 晚礼服和新娘装
- 连衣裙
- 宽松的流行款连衣裙
- 设计师款运动装
- 运动装
- 宽松款运动装
- 夹克和外套
- 上衣和衬衫
- 裙子和裤子
- 复古流行款
- 当季款
- 流行款女装
- 孕妇装
- 童装
- 男装
- 时尚配饰
- 流行款娃娃系列

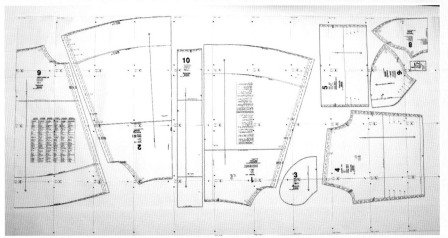

4 完成所有行的排列后,再把它们纵向粘贴在一起,整个纸样就拼贴完成了。

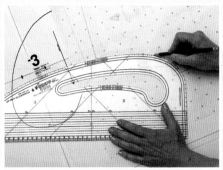

5 拼贴完成后,最好用纸样描图纸复制出来,这样更容易地把纸样固定在面料上。

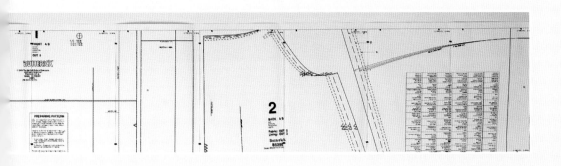

认识服装纸样

按照纸样套内外的详细说明去做衣服，不要边猜边做。

刚拿到纸样的时候，花些时间去浏览封套背面的信息，以及封套内纸样信息单的内容。

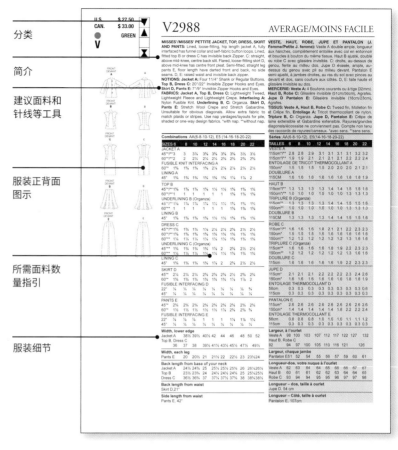

分类

简介

建议面料和
针线等工具

服装正背面
图示

所需面料数
量指引

服装细节

纸样套

纸样套背面有很多重要信息，包括如何计算需要的面料。

• 服装纸样套背面的信息

商用服装纸样的封套上有各种各样的信息。

- 廓形：标明这份纸样适用的体型。

- 一份关于设计内容的简介。

- 每件衣服推荐使用的面料和针线等工具。纸样上可能也会标注不适合做此种设计的面料，还有一份关于面料松紧度的使用指导，即说明这一设计适合使用多大弹性的面料。

- 服装正面和背面效果的详细图解。

- 关于所选设计需要多少面料的说明，即在标准的面料幅宽情况下，需要买多少面料、里布、内衬。右图就展示了在哪里可以找到上述信息。

- 一份关于每件服装具体细节的指南。

• 理解服装纸样片上的信息

所有商用服装纸样都会在纸样片上印刷基本信息，把这些信息从纸样片上转印至面料上是十分重要的。转印的方式有很多种，具体需要根据面料的不同来决定。

每个纸样上都有款式编号、纸样名称、要裁剪的纸样片数量，还会标明该纸样适用哪种布料——普通布料、里布，还是内衬。

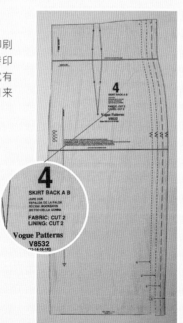

标记三角形的地方是"剪口"，是匹配接缝的标记。剪口还可以标记纸样片的正反面，并指示拉链收尾的位置。

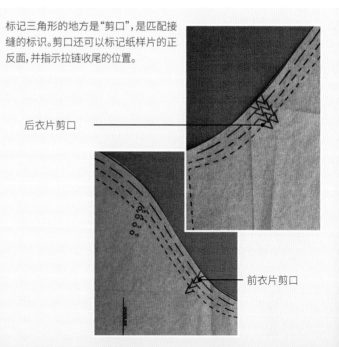

后衣片剪口

前衣片剪口

此图展示了服装的风格　　　　量体　　　　　根据服装款式和布料
幅宽进行裁剪、排料

• 信息单

关于所选择的服装风格
样式需要哪个纸样,这张
表提供了详细的说明,此
外还有关于量体、裁剪说
明以及缝份等信息。这张
表还说明了选择特定纸
样后,对于不同幅宽的面
料分别应该如何排料。这
些信息通常都是有示意
图的,比较容易理解。

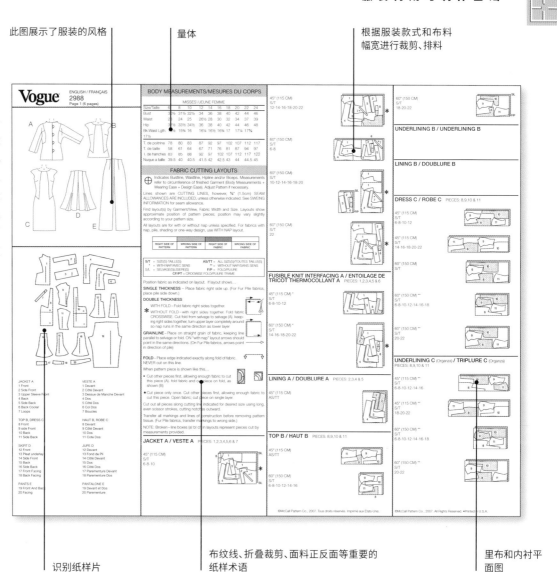

识别纸样片　　　布纹线、折叠裁剪、面料正反面等重要的　　里布和内衬平
纸样术语　　　　　　　　　　面图

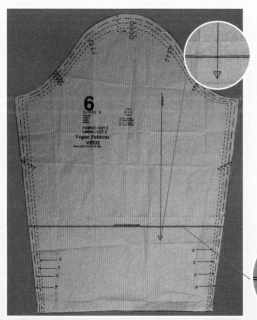

这个符号表示布纹线。使
用带短绒的面料时,端点
上的箭头指的就是绒头的
方向,顺着箭头的就是平
滑的那面,或者说是面料
的正面。

这条双线标志着可以缩短或拉
长纸样片的位置。注意,如果要
拉长一个纸样片,就要购买更
多的布料。

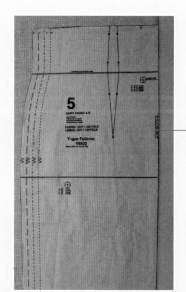

这个符号代表需要
把纸样片放在布料
的折边处。

准备商用服装纸样

接下来将讲解如何准备商用服装纸样

准备一份商用服装纸样时,需要知道以下三个关键因素:一是"放松量",可以确保衣服穿上身后不会限制活动;二是"合体",确定衣服是否太紧或太松;三是"款式",是指服装的设计本身。如果要对已有纸样进行调整,使其与自己的身材尺码精准匹配,那么就必须考虑以上三点。

购买纸样时,应该选择与自己量体结果最接近的尺码。买裙子纸样时主要看臀围,买上衣或连衣裙纸样时主要看胸围。如果纸样背面的表格尺码与自己的尺码一致,那么后面操作起来就会简单一些。然而,如果自己的尺码和纸样片背面的表格尺码不同,那么最好选用较大尺寸的纸样,因为缩小纸样比放大纸样简单得多。这也就意味着你可能需要对买来的纸样做一些调整,从而创造符合自己需求的纸样。

如果无法避免调整纸样,那么就需要用自己的量体结果去测量纸样片,并对二者进行比较。你会发现纸样片上的实际尺码比封套背面表格里的尺寸要宽松一些,这些附加的尺寸就是"放松量",它已经包含在纸样之内了。

• 裁剪纸样片

在测量自己的纸样之前,需要先把它们分清楚并剪下来。第一次从封套里拿出纸样的时候,先去找与自己所选服装款式相对应的所有纸样片(带有字母标记)。因为一个封套里通常包含几个不同款式,比较容易混淆,所以找到所需的,然后将其与说明书上的清单比对,确保找全了所需的全部纸样片。

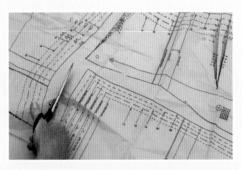

1　找出与所选服装款式相对应的纸样片后,就把它们剪下来以便区分。

2　在精准剪出纸样片之前,先把上面的褶皱和折痕都熨平,注意要用干法熨烫。

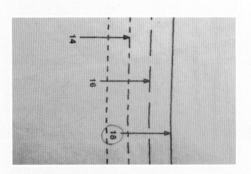

3　许多纸样都在每张纸样片上标记几个不同的尺寸,所以需要从中找到适合自己尺码的那一个。纸样片上不同的点、线标识了不同的尺寸,这有助于标记所需要的尺寸,并使其更加清晰。

4　只有经过检查,确定了正确的尺码和线标之后,才可以裁剪纸样片。裁剪纸样片时,需要在线外的位置尽可能精准地下剪,这一点很重要。

• 放松量

放松量有两种类型,一种是"穿着放松量",一种是"设计放松量"。衣服的穿着放松量十分重要,能确保人穿上衣服后能活动自如。如果一件衣服没有做穿着放松量,那么它就会和身体紧密贴合,以至于穿上后根本无法坐下、行走或运动。本书第32页将会展示设计放松量表,其列出的放松量尺寸是指,为达到某种合身程度(紧身的、宽松的或其他程度的),需要在纸样片上添加多少放松量。

穿着放松量表

表中罗列的放松量限度是机织面料(没有弹性的面料)中最小的放松量尺码,这些都已经添加到纸样中了,所以要把这个因素考虑进去,不要只看量体尺寸就去缩小纸样尺寸!

参考自己的身体尺码表,需要在量体尺寸基础上添加放松量尺寸,这样才能使得到的尺寸总和和纸样尺寸相匹配。可以借助下表记录添加放松量之后的量体尺寸。

复印这张穿着放松量表

	特征点	需要添加的放松量尺寸	量体尺寸和放松量尺寸之和
1	胸围	7.3cm	
2	腰围	2cm	
3	臀围	2cm	
4	裆深	1.3cm	
5	裆长	3.8cm	
6	腕围	1.5~2.5cm	

• 服装款式

在检查衣服的尺码和"合身"程度时,也要考虑设计风格本身,因为有些衣服上可能包含与身体测量点不匹配的风格设计。举例来说,如果是落肩,纸样上的肩部尺寸就会非常长,因为袖窿缝是下落的,为了达到这种款式效果,就会延长肩部。而如果是大的或有阔的领口,就会缩短肩部尺寸,这是因为领口并不是从脖子底部开始的。所以要注意,量体时得到的一些尺寸是有可能与纸样上的尺寸有出入的,这一点要考虑进去。另一个与此相关的例子是腰线下垂的或低腰的裤子或裙子(有时也叫低腰潮裤或潮裙),这种裤子或裙子并不是提到腰上的,所以不要把这种服装的(腰围)尺码和你的腰围相提并论。

阔领

肩部尺寸会变短,因为这种领口并不起始于脖子底部。

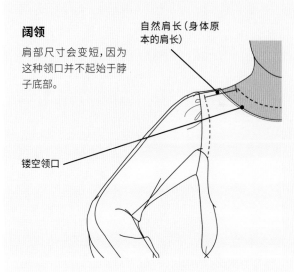

自然肩长(身体原本的肩长)

镂空领口

垂肩

肩部的尺寸会非常长,因为肩膀被拉长了,而且为了达到松垂的效果,袖孔也是下垂的。

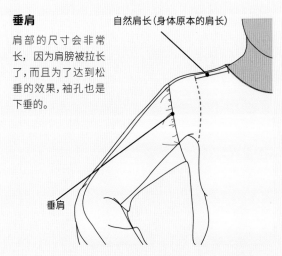

自然肩长(身体原本的肩长)

垂肩

• 设计放松量

在一件衣服的穿着放松量之外,又添加了额外的蓬松度,以达到设计师想要的服装效果,这就是设计放松量。右侧的表格就是纸样公司为了明确衣服和身体的贴合程度,而使用的一种常用的服装轮廓分类。第一列描述了服装和身体的贴合程度,后面的三列详细列出了特定服装款式中,需要在纸样上添加多少放松量,才能达到前列中的贴合程度。需要强调的是,千万不要只考虑穿着放松量,而从设计放松量中腾挪借用尺寸,这样可能就无法做出想要的服装效果了。

放松量限度(不适用于使用弹性针织面料的服装设计)

合身程度	胸部区域		
	裙子、上衣、T恤衫、男式衬衫、女式衬衫	夹克	外套
		有里布/无里布	
贴身	0~7.3cm	不适用	不适用
合身	7.5~10cm	9.5~10.7cm	13.3~17cm
半紧身	10.4~12.5cm	11.1~14.5cm	17.4~20.5cm
宽松	13~20.5cm	14.8~25.5cm	20.7~30.5cm
超宽松	超过20.5cm	超过25.5cm	超过30.5cm

量体尺寸+穿着放松量+设计放松量=合身程度

合身程度分类

有时纸样目录中会包括这些合身程度分类,这有助于你了解服装轮廓。

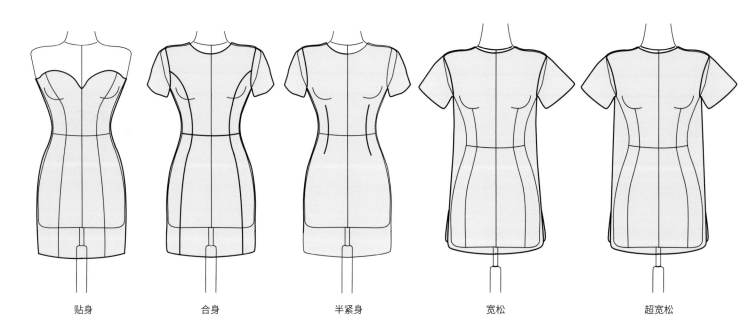

贴身　　　　　　合身　　　　　　半紧身　　　　　　宽松　　　　　　超宽松

· 测量纸样片

精准测量纸样片有助于确定衣服的合身程度,需要查看的地方一般有以下几点。

- 胸围+放松量
- 腰围+放松量
- 臀围+放松量
- 肩宽
- 肩颈点到胸点(最高点)
- 后中长
- 前中长
- 侧缝
- 袖长

对比纸样尺寸和量体尺寸,在必要的地方添加放松量。记住,在一个纸样上测量前后腰、臀、胸的时候,必须将量得的数据乘2,因为测量的只是纸样的一半。

· 如何检查服装的腰部是否合身

在开始测量纸样之前,必须用缝宽标志线或尺子标记缝份。在这个案例中,纸样上包含了1.5cm的缝份。

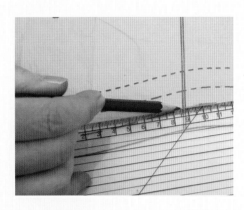

1 从代表所选尺码的标记线开始,绕着纸样向内测量,并用铅笔做标记。

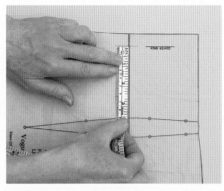

2 标记出缝份后再测量腰部,此时测量的尺寸不包括缝份和省道。从后中(或前中)开始测量,一直量到省道的那一侧。

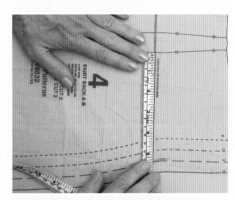

3 继续测量从省道另一侧到侧缝线的距离。把量得的尺寸乘2,就得到了背宽的完整尺寸。用同样的方法测量前身。

更快的方法

把省道折叠,然后直接测量从腰线后中线到侧缝线的尺寸。

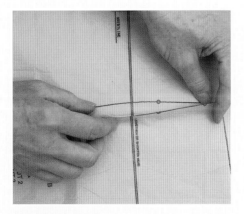

1 先把省道折起来。

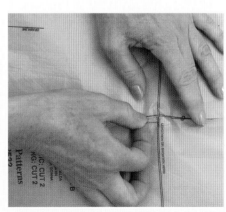

2 用大头针把省道固定住,测量从后中线到侧缝线的直线距离。

准备面料

裁衣服之前要先看一下面料的结构。

在开始裁剪衣服之前，需要先仔细考虑所用面料。通常情况下，商用服装纸样信息中会包含一份面料建议，从中就能了解如何安排不同幅宽的面料，要用单层裁剪还是双层裁剪，以及当使用格纹、印花或条纹面料时，如何调整花纹位置来匹配纸样。除非选用的是斜裁面料专用纸样（说明书中会表述清楚），这时面料纹理是倾斜的，那就要了解正确的纹理走向。使用这样的面料时，布置、裁剪纸样片的第一步就是先找到面料的正背面。

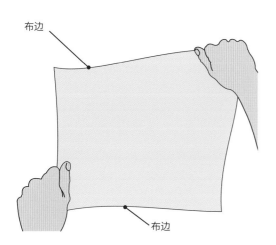

布边

布边

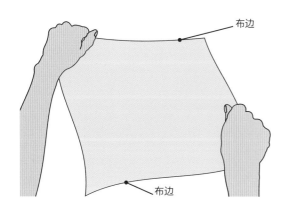

布边

布边

布边

面料的纹理

机织面料由纵向的经线和横向的纬线组成。布边是指面料收口的边缘，即在织造过程中纬纱折回去的地方。在服装构造中，"直纹"是最常用的一种纹理，平行于布边，布置纸样片时，直纹从上到下排布在服装上，这是因为纵向的经纱更粗壮结实，因此会缺少弹性。由脆薄的纱线或填料纱纺成的横向纬纱，通常有一定的弹性，可以充分运用面料的纹理特点来发挥其优势。例如，想要更大的体量感，就可以考虑改变面料的纹理，不要纵向运用经纱，而是横向运用经纱。正斜面料是指平纹面料的45°倾斜。

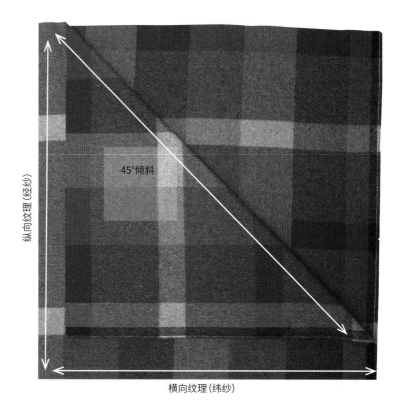

45°倾斜

纵向纹理（经纱）

横向纹理（纬纱）

斜纹面料的使用方法

如果想做一件非常柔软、有垂坠感的衣服，就要用到斜纹面料。在用斜纹面料时要十分谨慎，因为在这个角度，面料会变得有弹性，很难缝制。面料自身的重量就会导致垂坠、拉伸，因此会变得比刚裁剪出来时的比例更细长。20世纪30年代具有标志性的连衣裙就是运用斜纹面料做出流线形的轮廓，紧紧包裹着身体，展现人体的自然曲线。

• 布料边缘的处理方法

把布料的边缘做直有助于更好地排布纹理。

大部分纸样设计图都要用对折后的面料比照裁剪，而且面料对折的方向要和直丝褶保持一致。但是，在把纸样片钉在面料上之前，必须检查布料纹理是否都是平展、齐整的。

有两种方法可以把布料边缘做直，但这种方法只适用于机织面料。拔丝显然是最温和的方法，如果面料的表面比较平滑，就能看到那条拔丝。如果面料比较松垮，那么拔丝的时候就会出现一条代表直边的缺口。另一种方法是直接撕，但有可能会撕歪，一直歪到布料的边缘。因此，要优先选择前一种温和的方法，如果行不通再用后一种方法。注意，一旦面料出现勾丝、抽丝或损坏到了经线，就必须马上停止。所以，最好事先对所用的布料做一下试验。

抽丝

1 为了方便抽出一根线，可能需要先在布边剪一个小口。

2 试着单独抽出一条纬线，然后拉拽它，这会让面料宽幅的方向上出现一道褶皱线。

3 继续拉拽这条线，从布的一边一直拉到另一边。如果很难分辨出那条抽丝，可能就需要重复这个步骤。

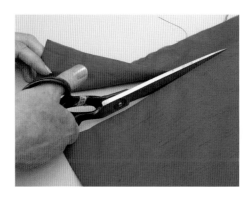

4 沿着这条刚刚产生的与直布边平行的线裁剪。

直接撕布料

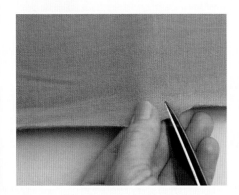

1 在布料一端剪个口，这样就更容易撕了。

2 开始撕。如果遇到任何阻力，最好立刻停下。有些面料虽然是编织的，但因为运用了特殊的织法或表面的处理方法，因此并不适合手撕。例如，平针织物或针织面料就不能手撕。

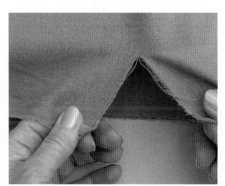

3 继续撕。撕到底后，再用熨斗把布料熨一下。

• 斜纹面料

把布料的末端拉直就能看到它是否歪斜了，歪斜是指经线和纬线不呈直角。在加工的过程中，面料的纹理有时会被歪曲或拉扯。如果卷布料时用力不均，这种歪曲的情况就会经常出现。

固定歪斜的机织面料

1 有时布料的歪斜程度不是特别严重，还是可以固定住的。首先，把布料边缘拉直，然后纵向对折，将裁边和布边都对齐，先用温度适中的蒸汽熨斗测试，确保不会在布料上留下水渍也不会烫焦，然后尝试着把歪斜的布料熨平。其间可能需要粗缝一下布料边缘（机缝或手缝均可），让布料保持这个形状。注意，不要把折边也熨平，否则展开后可能很难去除折痕。

2 也可以试着把布料对折，像之前一样把布边和裁边都对齐。如果有必要，粗缝裁边和布边来保持平整，然后把布料打湿，夹在湿单子中间，让它自然晾干。在晾干过程中不要悬挂布料，一定要保证布料的平整，避免拉扯。

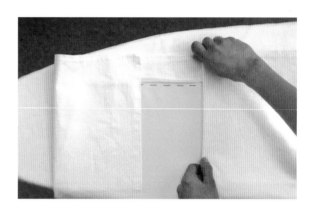

歪斜的平针面料或针织面料

平针面料或针织面料的织造方法和机织面料不太一样，它们由一排排咬合线环组成，通常是没有布边的。如果平针面料或针织面料歪斜了，就不能用与机织面料同样的方法处理了。

如何展平平针面料

首先把布料对折，沿着纵向边缘对齐。注意观察面料的织法，尽量保持线与线之间平行。然后用大头针或粗缝的方式把这个位置固定住，轻柔地熨烫。小心不要熨到折叠处，也不要把大头针扎到布料里面，因为这样可能会留下永久性的痕迹。

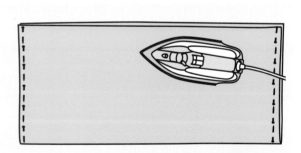

如何展平针织面料

按照展平平针面料的方法，但沿着一条针织布纹线剪掉其中的一侧，这会让面料的一边松开，此时就能调整、展平这块布料了。

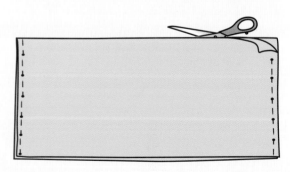

• 条纹面料

条纹和印花面料可以创作出有趣的效果。使用条纹面料,或者带有纵向突出织纹、凸纹面料的时候,所产生的视觉效果会很引人注目。但要注意,在做衣服的接缝时,需要结合面料特点事先设想成品效果。

使用条纹面料

如果使用条纹面料,那么在布置纸样片之前,很重要的一点是你要先考虑面料纹理(这里也就是指条纹)在成衣上的走向,是横向、纵向,还是斜向?在做衣服的各种接缝时,这个决定将会影响纸样的使用方式。如果是使用格纹面料也是如此。

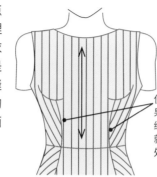

使用条纹面料时,如果要纵向排列面料的纹理(也就是条纹),就要考虑条纹在省道处如何接合。

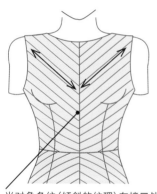

当对角条纹(倾斜的纹理)在接口处相遇,它们就会沿着接缝形成V形。在布置纸样片时需要根据这一点进行仔细斟酌、计划。

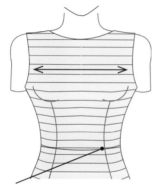

如果接缝两边的条纹都是横向分布的,那么结合衣服本身的结构,穿上身后横条纹的角度会发生一定的改变。

条纹面料的排料

在这个案例中,需要垂直排布面料上的条纹,并且是从上衣一直贯穿到裙摆。其中一根条纹应该放在前中线上,或者在前中线的两侧,具体取决于设计方案。

找出布料的正面

实际上并没有明确的规定,必须使用布料的正面,你可能会更喜欢布料的背面,但记住,布料的正面通常都是经过处理的,不容易弄脏。一旦分辨出布料正面之后,就马上用粉笔标记出缝份,这将会是一个很有用的标记。如果布料的正面不好辨认,这里也有一些线索会对你有所帮助。

- 布边是一个很好的开始,质感平滑的一面是正面,粗糙的一面则是背面。
- 买回布料后,观察布料叠放的方式来判断正背面。棉布和亚麻布会把正面叠在外面;羊毛面料则会把背面叠在外面。
- 如果布料是成卷买回来的,那么内侧就是正面。
- 有时面料的光泽度也是一个很好的判断方法,主要查看有光泽还是没光泽,丝滑还是粗糙。
- 印花面料通常都很容易辨识,一般印花更清晰的那一面就是正面。
- 格纹面料更明亮的一面,或者线条更清晰的一面就是正面。

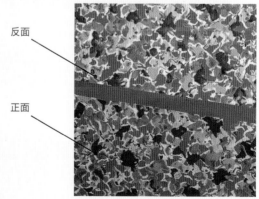

反面

正面

正面的印花通常颜色更深。

• 方向性印花面料

如果使用印花面料,那么就要知道如何辨识单向印花或双向印花,以及如何使用它们。布置纸样片之前需要先对印花进行仔细斟酌,这一点非常重要。在使用时还需要注意印花在设计上是否有特定的上下方向之分。

印花面料排料 ▶

这是一个印有花卉纹样的双向印花面料,花纹方向没有上下之分。如果印花特别明显,那么侧缝位置的印花最好拼接一下,以确保在正式衣服的缝合线位置做了搭配,而不是在纸样片边缘的位置做搭配。注意,商用服装纸样是一种透光的薄纸,这会降低搭配印花的难度。

◀ 单向印花面料

这种佩斯利涡旋花纹面料在设计上有非常明确的上下之分,必须作为单向花纹处理,而且无论从哪个方向来使用都是如此。布置纸样片的时候,必须把所有花纹的顶部都朝着同一个方向排布。

◀ 双向印花面料

在这种印花面料中,花卉纹样的设计既有朝上的也有朝下的,所以使用时不受限制,哪一侧都可以朝向衣服的顶部。但仍然需要评估是否有必要对印花进行匹配拼接。

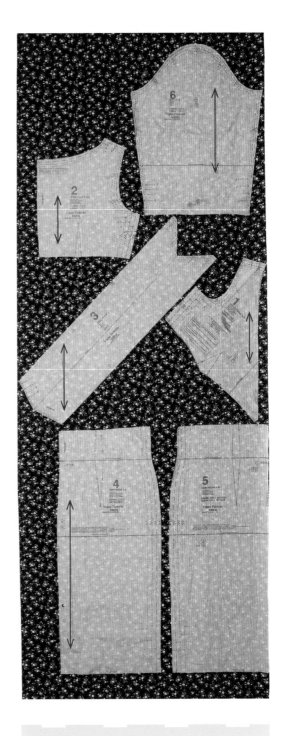

双向印花

单向印花

提示

在裁剪面料的时候,把面料铺在一张大的、平的、高度合适的桌面上。选择长刃剪,或者配合自愈切割垫使用旋转轮刀。

• 拉绒面料或绒面面料

拉绒或绒面的面料表面有凸起的绒毛,这些绒毛都有固定的方向,这种面料有时也被看作一种"单向纹理面料"。例如灯芯绒、天鹅绒、棉平绒、人造麂皮、人造皮毛等都属于此类面料。如果沿着一个方向抚摸面料,会感到平滑、有光泽,但沿着反方向抚摸,就会感到粗糙、没光泽。再次强调,在单向纹理面料上布置纸样片的时候,需要确保面料纹理都在同一个方向,如果裁剪方向有误,影响就会特别明显。

单向纹理面料排料 ▶

这是一个单向纹理面料排料的例子,适用于拉绒或绒面的面料,以及单向印花面料。所有纸样片的顶端都朝向面料的上边,在这种情况下,不能为了节省布料而旋转纸样片,所以要多买一些布料。

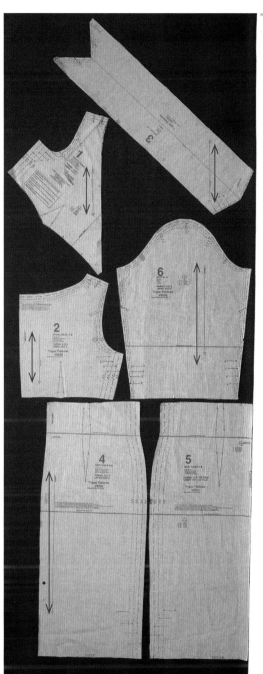

关于准备面料的提示

• 裁衣服或裁其他东西之前,要先检查面料是否有瑕疵。有一些小问题或许能自己解决,但还是最好在购买之前就先检查好。

• 如果可以,先设想一下衣服做完之后会通过什么方式清洗,然后用这种洗涤方式先洗一遍布料,或者用熨斗在布料表面上方轻悬熨烫一下,以此达到预缩的效果。

• 在开始制作之前,先预洗面料以及花边、丝带等装饰物,确保做成衣服后不会洗掉色。

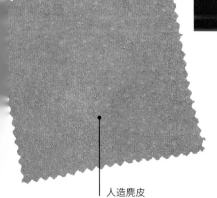

人造麂皮

测试绒面织物的色光差异

当面料的绒毛朝上时,颜色就会更丰富;而绒毛朝下时,面料的手感会比较光滑,但颜色就不那么丰富了。左图中这块天鹅绒清楚地展示了上述差别。

• 格纹面料

格纹面料的种类很多,除了单个格子本身尺寸的不同,还有一些独特的设计。例如,有的格纹看起来更均匀,而有的方格和线条的排布则更加不规则。

均匀排布的格子会更好用,因为它是对称的。如果把叠好的布料铺展在一张桌子上,对折其中一个角,方格正好能重叠,就说明格子分布是非常均匀的。

如果是不匀称的格纹面料,那么在排布纸样片的时候就需要做更多的规划,就像使用单向印花面料时一样,也需要额外准备更多的面料。

裁剪格纹面料

就像裁剪条纹面料一样,裁剪格纹面料的时候,也必须考虑缝纫接合的时候怎样分布、匹配格纹。你可能会希望格纹都排布在一条水平线上,或者想要在结合处形成V形,以达到有趣的效果。想象一下你想让布料的条纹分布在身体的哪个部位。右图展示的是一个中心分布的例子。穿过前中和后中的条纹是一样的,它们在肩缝处咬合。袖山处的条纹需要和上衣袖口处的条纹前后都吻合。裁剪格纹布的时候不要对折后再剪,而是单层裁剪,这样更保险,因为这样做前后的尺寸都可以看到,也就能更准确地匹配格纹了。

均匀格纹

在格纹分布均匀的布料上布置纸样片会更简单,当然还是需要考虑匹配格纹的横纵线,但这时可以旋转纸样片以减少浪费面料。虽然这些纸样片都朝着不同的方向,但像臀围线这些关键部位的条纹,还是要相互匹配。

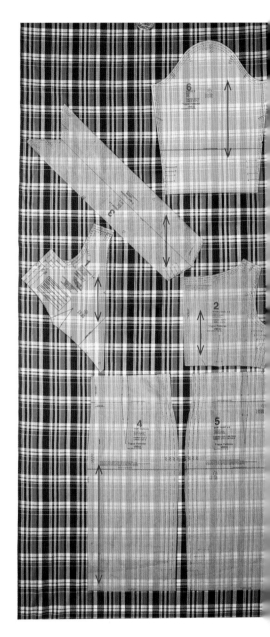

不均匀格纹

使用格纹分布不均匀的面料时,就需要更仔细地考虑搭配明确的横纵线。在这个设计中,专门有一个条纹被用来对齐臀线。

格子呢

• 斜纹面料和丝绸面料

斜裁斜纹面料的时候需要格外小心,并有足够的耐心。斜纹设计很具欺骗性,通常看起来很简单,接缝很少。丝绸或者丝滑的面料因其奢华的外观和天然的垂坠感而备受青睐,但它们通常又细又滑,触摸时要非常轻柔,并且在裁剪和缝纫阶段都要尽可能地精简处理的步骤。

使用斜纹面料时要选择专用的商用服装纸样,因为考虑到斜纹面料自身的重量和弹性,纸样中会提供额外的宽度。不同丝绸面料所需要的幅宽也不一样,如果做的衣服太紧,它就会起皱、变形。

斜裁丝绸面料时,要像处理单向印花面料那样排料(见第38页)。这种方法会降低处理不同纹理时的潜在风险,例如避免布料纹理以不同的方式发生变化,导致面料扭曲或起皱,也能预防出现色光差异(相反的纹理让面料呈现不同的颜色)。

为了达到最好的效果,不要折叠面料。始终在同一个厚度层面进行裁剪,并且在丝绸上铺上一层描图纸。丝绸会附着在描图纸上,裁剪时选择一把锋利的大剪刀,这将有助于保持丝绸的稳定性。锯齿剪刀也适合用来裁剪丝绸。

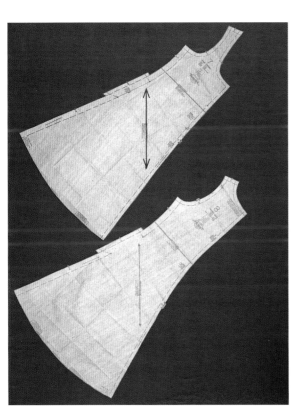

◄　在丝绸上布置斜裁裙装的纸样

这件衣服有前中和后中两条缝线。商用服装纸样只提供了两片半身的纸样片,所以需要把另一片纸样布置在对面(水平翻转)的位置上,和已有的半片一同使用。需要让纸样片的上部指向同一个方向,因为纹理方向发生变化时,丝绸也会呈现出不同的样貌。

当使用斜纹面料时要保持均衡的比例

为了抵消斜裁面料所导致的尺幅缩小问题,必须在侧缝已有的缝份基础上再增加2.5cm。这个额外增加的宽度有助于抵消悬挂时布料重量产生的影响——重量会让面料变得更长、更紧。

在把纸样片缝在一起之前,剪出衣服的形状并用别针将其固定在连衣裙模特上,让它悬挂一晚或者更长的时间。其间面料的重量会让连衣裙下坠,使其变得更窄、更紧。如果将侧缝暂时粗缝在模特上,就能够让丝滑的面料保持原样,直到可以缝合为止。

在把衣服的褶边和针脚整理平整之前,再次将其挂在连衣裙模特上。

钉扎固定、标记、裁剪

用一个又大又整洁的桌面来准备纸样，这很重要。

在把纸样片缝到面料上之前，需要先对其进行排布，此时必须保证完全的准确性。任何纹理的差异，或者任何会导致面料增减的移动都会破坏衣服的合身程度，然而这些隐患在这个阶段都是很难被发现和改变的。将剪口、省道、口袋这些纸样信息都准确地标记在面料上，这一步必不可少，同时也要考虑每一个步骤最适合使用的工具，以上这些都完全取决于所选的面料。适当对商用服装纸样做尺寸上的调整，例如调整大身、袖子、衬衫、裙摆、连衣裙、裤子的长度，这将让你的纸样更合身，从而让成衣如你期待的那样专业。

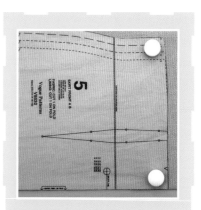

提示

在固定或描画纸样片之前，先用压铁将其固定，这个方法很实用。压铁在缝纫店就能买到，或者使用手边的一些小的、重量合适的物品代替。

• 布置与固定

按照面料幅宽查看纸样套上的信息清单，并按照上面建议的排料图进行操作。这些排料图是非常精确的，如果严格执行，纸样片就会和面料完美匹配。

记住，要把纸样放在大的、平整的桌面上进行操作，千万不要让布料垂在桌子边缘，因为这会导致布料扭曲、拉长。首先，排列所有需要对折布料的纸样片。关键在于精准度，因为哪怕只是轻微滑动，导致尺寸增减了一点儿，也会改变成衣的尺寸。

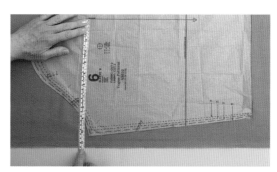

1 拿一把卷尺，在每个纸样片上测量从布纹线到每侧布边的距离，确保布纹线笔直。

提示

在使用大头针时，注意别扎在裁剪线上，因为万一剪到大头针，就可能让剪刀变钝。

2 先用压铁将其固定，检查完每个纸样裁片的位置之后，就可以用大头针固定了。沿着缝份安插大头针，注意要与纸样片边缘保持垂直，扎在边角的斜对面。

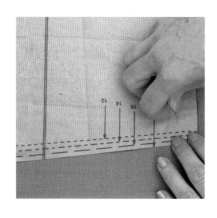

3 用大头针的时候尽量确保面料不变形。在一块面料上扎的大头针太多或太少，都会导致布料变形。使用丝绸或塑料这种特殊面料时，如果留下大头针扎过的针眼就不好看了，所以一定要扎在缝份里面。

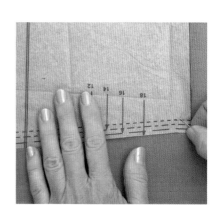

• 如何标记面料

有很多种方法可以标记面料、把纸样上的细节转印到面料上。在这一步开始之前，最好先对所用的面料进行测试，查看适用哪种方法。

不同的面料适合于不同的标记方法，通常要在面料的背面做标记，如果需要在面料的正面标记，就要用容易去除的绗缝棉线来操作。

选择标记方法

在标记纸样片时，需要转印多少信息取决于你有多丰富的缝纫经验。作为一般性的指南，一个缝纫新手可能需要把所有的细节都标记出来，而缝纫老手可能只需要标记剪口、弯曲省、省道末端，以及口袋的位置就可以了。

各种粉笔、钢笔和描图纸，都可以用来转印标记。通常情况下，还是应该先在面料上测试一下标记方式，以确保后期可以清理掉这些笔迹。

裁缝粉笔或裁缝铅笔有不同的颜色，也正因如此，它们能很好地运用在各种面料上。一般情况下，笔迹都可以擦掉，但最好还是在开始标记前测试一下。粉笔也可以用来标记省道、复杂的弧形缝线，以及口袋位置，而且这些一般都标记在布料的背面。

• 裁缝大头钉

裁缝大头钉是在蓬松面料（例如厚羊毛面料）上临时标记口袋位置或省道终点的一种又快又简单的方法。下图中的小圆孔代表的就是省道的位置。

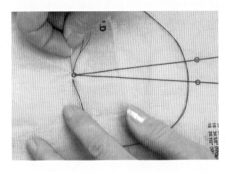

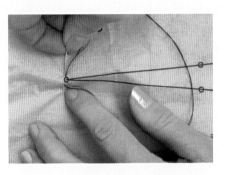

1 双线穿针（但不要打结），锁定纸样上小圆孔的位置。

2 引针穿过纸样片和双层面料，形成小针脚。

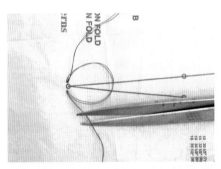

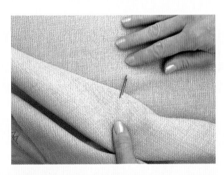

3 第一针留下2.5cm的"尾巴"，在同一点再缝一次，留下5cm的环，剪断线之前再留一个2.5cm的"尾巴"。在纸样所有的圆孔标记处都重复这个步骤。

4 移除纸样上所有的大头针，小心拆开两层面料。

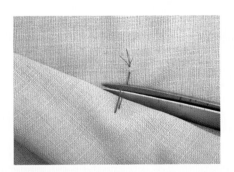

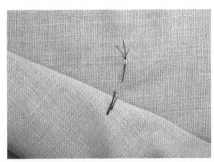

5 剪线，两边留等长的线头。

6 面料两面都做好了准确的临时标记。

• 粉笔

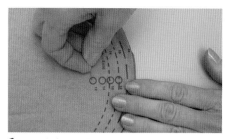  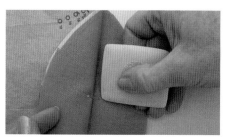

1 用一个大头针穿过小圆孔的中心。

2 揭开两层面料。

3 用粉笔标记大头针的位置后将针移除。

• 点线轮和裁缝描图纸

先找一块没用的碎布测试一下。

  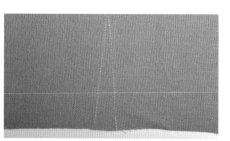

1 把布料背面向里对折。拿一张描图纸,夹进对折后的两层面料之间。

2 用点线轮描出所需要的线。

3 颜色转印到布料上,清晰标记出了缝合线。

• 裁剪的方法

裁剪前,先确认桌面是否干净,高度是否合适,保持布料平整,再选择一把锋利的剪刀。齿形剪比较适合裁剪针织面料和光滑的面料。

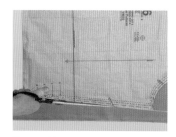 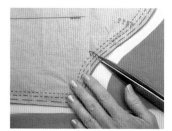

1 尽可能沿着纸样的边缘,在布料上剪出形状,但不要剪到纸样片。行剪时,保持下刀刃贴在桌面上。剪的时候尽量保持长且均匀的剪痕,不要又短又碎,这样才能剪出齐整的边缘。

2 剪好裁片后,必须在缝份里面剪一个小口,标识出所有的剪口。小心不要剪得太多,3mm就足够了。

裁剪不同面料的提示

• 丝绸和薄面料

裁剪丝滑面料的时候,通常要在布料下面垫一张纸,然后逐层裁剪。这张纸会像磁铁一样,有助于固定布料,防止布料在行剪过程中滑动。锯齿剪很适合裁剪这类面料。

• 厚的重质面料

面料的厚度导致必须单层裁剪,当然单层裁剪也有助于更精准地裁剪出纸样片的形状。

• 裁剪单层面料

确定裁剪了所有的纸样片,并且裁剪了准确的次数,还要记得翻转纸样片来制作衣服的另一半。

有时需要使用检查清单,或者对纸样片本身做记号,标记已经剪过这张纸样片了。

裁剪丝绒面料

绒面朝外折叠面料,这样可以防止面料在裁剪的过程中移动。

• 假缝线迹标记口袋位置

机器粗缝或手工粗缝是将纸样片信息转移到面料上的临时性方法。缝合成衣时，只需要把这些粗缝线去掉就可以了。同样，在使用这种方法之前必须先测试一下使用的面料，确定假缝线迹的针孔或颜色是否会在面料上留下痕迹。

在格纹面料或印花面料上裁剪纸样片形状时，需要合理搭配口袋的位置。此时假缝就是一种又快又简单的方法，可以临时标记口袋的位置。

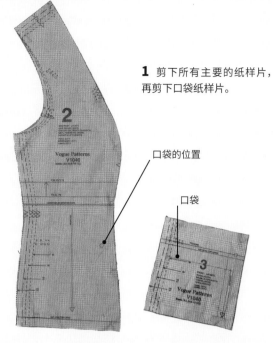

口袋的位置

口袋

1 剪下所有主要的纸样片，再剪下口袋纸样片。

2 测量，然后向下折出口袋的缝份。

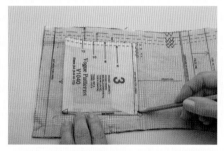

3 找到标记口袋位置的小圆孔，然后把口袋纸样片放到主纸样片上面。

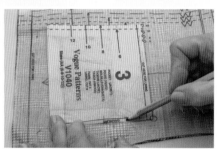

4 用铅笔在口袋纸样片上标记出主要的面料设计线。

5 把口袋纸样放在面料上，如果有必要，可以参考刚才画的铅笔线，在面料上选取适合的格纹或印花。折出缝份，然后裁剪出口袋。

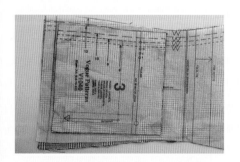

6 把口袋的纸样片固定在布料上，再固定到主纸样上，以再次检查二者的面料是否相吻合，然后用大头针穿过两层布料标记出口袋的位置。

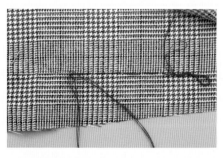

7 用不同颜色的线缝长针脚，在面料的正面粗缝出口袋的位置。

8 根据纸样片上的说明做出口袋，然后用缝纫机把口袋缝到衣服上面。缝纫时尽量不要压着假缝线迹，否则后面会很难拆除假缝线。如果搞不清楚，可以在缝纫的时候就把假缝线取下来。

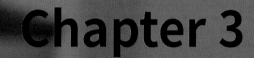

Chapter 3
调整服装纸样

你可能需要对自己买来的商用服装纸样做一些调整，从而做出定制服装的那种合身度，本章将介绍一些简单、常见的调整纸样的方法。

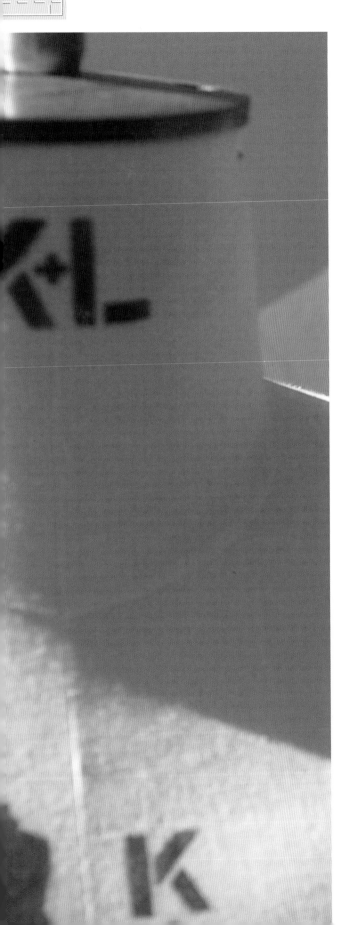

调整商用服装纸样

所有商用服装纸样的体型类型和尺码,都是按照标准的普通身材做的。

纸样公司花了很多时间和经费邀请大众参与尺码测量,希望生产的纸样能适合更多人的身材。当然,实际上我们每个人都是不同的,只是标准化测量是这个行业必须经历的过程。

当然,如果你的身材恰好符合标准尺码,那么就可以进入下一个步骤了。否则就需要调整纸样,从而创造出更符合个人需求的纸样,所以挑选正确的尺码会非常有帮助。最好是购买尽可能接近自己胸围、臀围的尺码,因为一般情况下,在一定范围内的尺码调整会比较容易。

创造和调整纸样是一个烦琐的工作,涉及各种或简单或复杂的操作。作为一位家庭裁缝,你很可能会遇到非标准身材,或者自己的身材就并不标准,这也是人们选择个性化设计的普遍原因。

有些人的身材需要进行更复杂的纸样调整,而不仅是本章介绍的这些简单的调整方法。例如,当胸围不成比例地比胸部和上身其他部位都大很多时,就必须调整纸样了。在这个案例中,只扩大胸围会比同时调整其他部位的尺寸要容易,但具体的方法会更复杂(这种调整方法可见下一章的介绍)。

调整纸样的一般规则

- 始终从已经压平的纸样片入手。调整纸样时,务必在用胶带或胶水最终固定之前,先用大头针固定并且用尺子测量检查。

- 如果需要修改纸样片长度,就要在做其他调整之前完成这项调整。用长尺子画一条直线,保持纸样片沿着这条直线整齐排布。

- 在增加长度的时候,需要拿薄纸或纸样描图纸垫在纸样片下面填补空缺。同样,用胶带固定之前先用大头针固定新增的纸样片。

- 缩短纸样片时,先用大头针固定,也是在用胶带固定之前先进行测量。

- 如果调整纸样片会破坏缝纫线或省道,那么取两条线正中间的位置,画一条平整的更窄的新线。

- 当大幅度增加或缩短尺寸时(超过2.5cm),就需要分两个或三个纸样片进行操作。例如增加5cm,需要裁剪、调整两个纸样片,每个纸样片增加2.5cm。用这个方法把调整的尺寸进行分割配置,就能够保持原有的设计比例。

- 如果需要把纸样片的一部分进行折叠以缩小其尺寸,那么记住把需要缩小的尺寸平摊到纸样片的两边,每一边缩小所需减少尺寸的一半,以免缩小的尺幅翻倍。例如减少5cm,那么就在纸样片内侧沿着虚线往里折叠2.5cm,另一侧也折叠2.5cm。

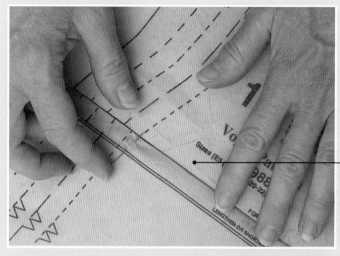

在永久粘贴之前,一定要先用大头针固定所做的调整,然后进行再次测量。

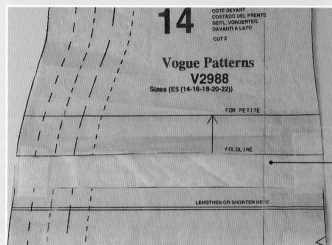

如果想要加长纸样片,那么就需要在纸样片下面放一张薄纸来填补空缺。

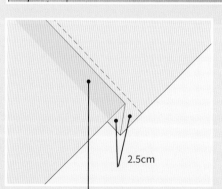

2.5cm

缩短纸样片的时候,一定记住把需要缩小的尺寸平摊到纸样片的两边,每一边缩小所需尺寸的一半,这一点很重要。

特别说明

后文所使用的一系列纸样案例都不包括缝份。在自己的纸样片上操作时,始终记住包括缝份在内的纸样看起来可能会和书里展示的不一样。缩短或延长纸样的基本方法(见50页)适用于所有纸样。

上衣的简单调整

上衣的调整可能会影响袖笼和肩部。

调整任何纸样片的时候都要记住,所做的调整会影响相邻的其他纸样片。例如,当你调整前衣片时,可能会影响到后衣片或袖子。

大多数商用服装纸样都会提供一条线,标记缩短或延长纸样的最佳位置。这是很常见的调整,也很容易做到。延长或缩短纸样会打断边缝线或省道,如果需要就重新画一下,用直尺或T形尺画出平整细长的线,从而连接这些线条。如果可以,加线总比减线要好操作一些。

• 延长上身尺寸的方法

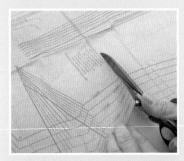

1 找到标识"延长"或"缩短"的印刷线,尽量精准地裁剪这条线。

2 在纸样片的一侧粘一些纸,并且保持纸张的平整。

3 从裁剪的纸样边缘开始,测量需要增加的尺寸,画一条与裁剪边缘平行的线。用尺子在新粘贴的纸上画一条布纹线,用来精确地校准新粘上的纸样片。

• 缩短上身尺寸的方法

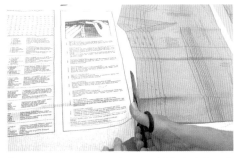

1 找到设计方案所需要的所有纸样片,把它们逐个剪下来,准确地剪出所需的尺寸。

2 商用服装纸样中的每一片上都有一条印刷线,标明了对其进行缩短或延长的点。找到这条线,测量需要缩短的量,据此画出与这条印刷线平行的线(指示缩短后的位置)。

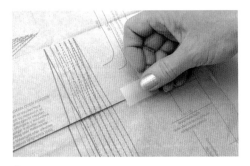

3 沿着这条印刷线折叠纸样片,将其折叠到新画的线下面,然后用胶带固定。

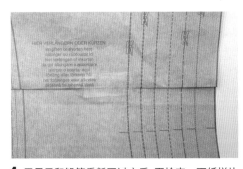

4 用尺子和铅笔重新画过之后,再检查一下纸样片边缘是否呈现平滑的直线。作为一般准则,如果有一大截线迹都是在调整纸样时画出来的,那么新画的线总是要更大而不能更小。后衣片的调整也要重复这个步骤。

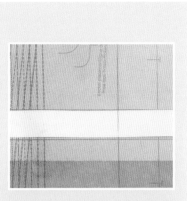

4 用所画的布纹线进行校准,调整新粘贴纸样片的位置,这个过程要尽可能精准。

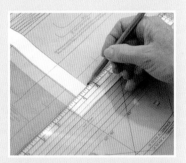

5 重新校正纸样片的边缘,确保所有线迹和缝隙都保持平整。

6 用同样的尺寸在后衣片上重复这些步骤。

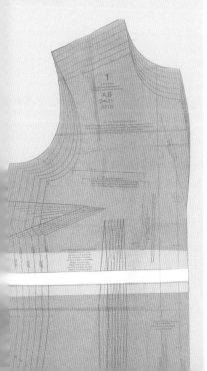

• 缩短肩宽的方法

下面的步骤展示了在保持原有服装造型的前提下,如何缩短肩宽。

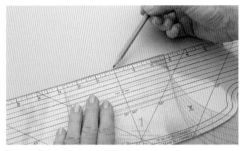

1 通过测量找到肩线的中点。

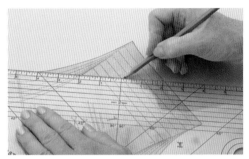

2 用尺子画一条直线,连接肩中点和袖笼中点。

3 沿着这条线从肩膀剪到袖笼,留下一个开口。

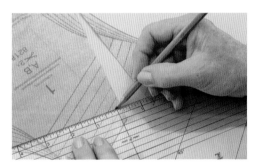

4 从这条线出发,量出需要缩短的肩宽尺寸,并用铅笔做好标记。

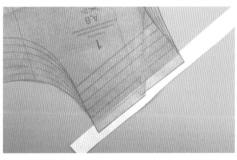

5 把剪开的开口移到铅笔标记的位置。把纸样粘贴到调整好的位置,然后在纸样肩线的下面粘一张纸。

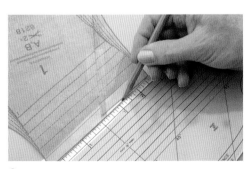

6 用尺子重新画一条肩线,并让线迹保持平整。

7 在后衣片上重复相同步骤缩小同样的尺寸。

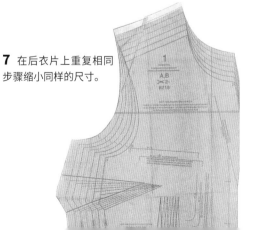

• 延长肩宽的方法

下面的方法展示了如何延长肩宽,同时不影响衣服原本的造型。

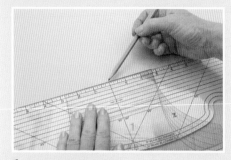

1 测量找到肩线的中点。

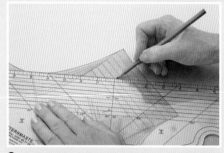

2 用尺子连接肩中点和袖窿中点,这条直线要没入袖窿之中。

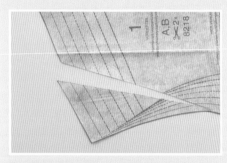

3 沿着这条线从肩线一直剪到袖窿,留一个开口。如果你用的纸样上有缝份,那就一直剪到缝合线的位置,然后从纸样片边缘向缝合线剪一个小口,留一个开口。

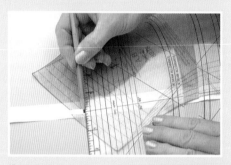

4 在纸样的一侧粘一张纸条,量出需要在肩部增加的长度,用铅笔(在纸条上)做好标记。

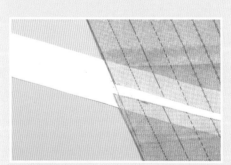

5 把肩部的纸样片移至测量过的标记处,然后用胶带固定,再用平滑的直线重新画出肩线。

6 调整好纸样片,并在后衣片上重复这些步骤。

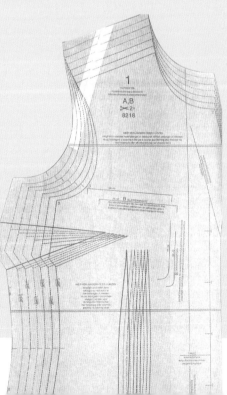

• 调整胸围的3种方法

方法1:调整胸点

向上或向下调整胸点是一个又快又简单的调整纸样的方法。

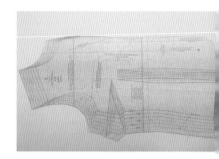

1 按尺寸剪出前襟胸片。

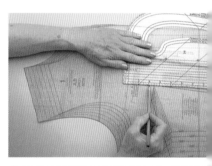

2 沿着边缝省道正中和腰省正中,分别用尺子画一条线,两条线交叉的地方就是胸高点或胸顶点。

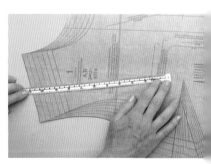

3 参考个人量体表,测量出肩中点到胸顶点的长度,并在纸样上标记出符合个人尺码的胸顶点位置——大致和纸样片上的胸顶点在同一条线上。

4 找到新的胸高点或胸顶点后,用尺子连接新的胸顶点到侧缝省道边缘。

5 重复之前的步骤,连接新的胸顶点和腰省。

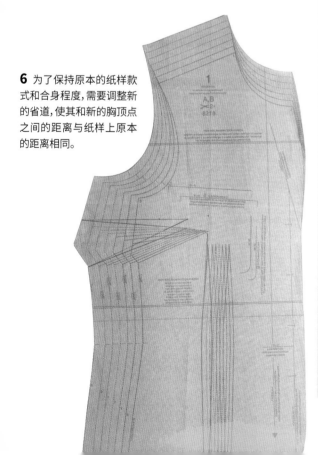

6 为了保持原本的纸样款式和合身程度,需要调整新的省道,使其和新的胸顶点之间的距离与纸样上原本的距离相同。

方法2a:整体提高胸省位置

这种方法适用于超过2.5cm的调整。

1 按正确尺寸剪出前衣片。

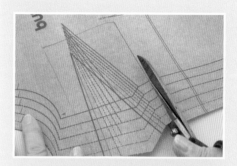

2 在胸省周围画一个框,然后把框的底部和侧边剪下来。

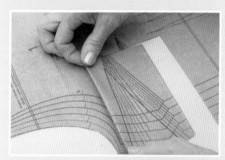

3 从边框顶部向上测量出需要调整的尺寸,并平行做好标记。把框的顶端向上折叠,形成一条新线。

4 在纸样下面垫张纸,用胶带贴好。

5 用尺子比着调整边缝线,把多余的纸剪掉。

接下页 ▶

6 折叠省道,再次从新边缝上检查延长出来的一节或缩短产生的缺口。在彻底剪除之前,检查一下这样改动之后可能会对剩下的纸样片产生什么影响,这一点很重要。

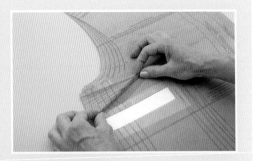

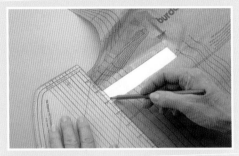

7 用尺子在纸样片上重新画出平滑的边缝线。

8 让省道保持折叠的状态,把新边缝线剪出来。

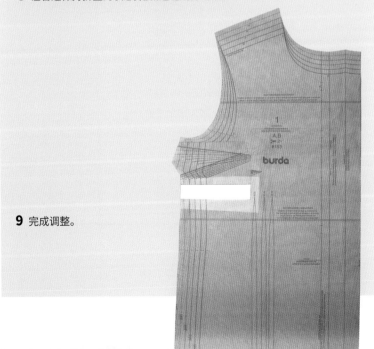

9 完成调整。

方法2b:整体下移胸省道

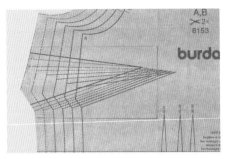

1 按正确尺寸剪出前衣片。在胸省周围画一个框,然后把框的顶部和侧边剪下来。

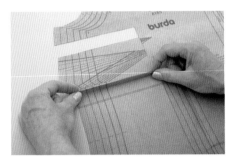

2 从边框底部向下测量需要调整的尺寸,并平行做好标记。把框的底部折起来,形成一条新线。

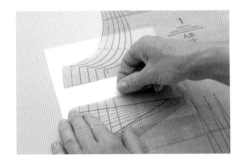

3 在纸样下面垫张纸,用胶带贴好。

特别说明
这些方法中所用到的纸样都是不包括缝份的。

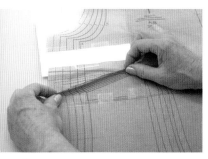

4 折叠省道，从新边缝上检查延长出来的一节或缩短产生的缺口。在彻底剪除之前，检查一下这样改动可能会对剩下的纸样片产生什么影响，这一点很重要。

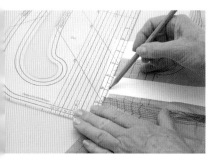

5 让省道保持折叠状态，用尺子在延长出来的一节或缩短产生的缺口处，重新画出平滑的边缝线。

6 完成调整。

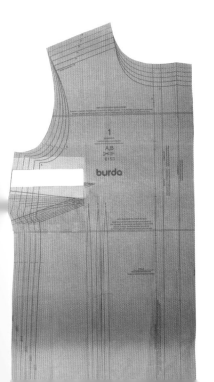

方法3：稍微增加胸围，增加2cm或更少

如果只需稍微增加胸围，可以直接运用缝份。但从缝份挪用太多的布料可能会让衣服变得松垮，所以只能从中借一点儿尺寸，即总共不超过2cm。通过边缝线增加胸围也会增加袖窿周长，为了能让袖子合身，就需要在袖子纸样片上增加同样的长度，后衣片也是如此。

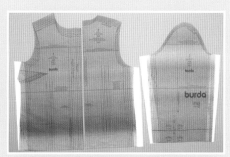

1 按正确尺寸剪出纸样片，沿着上衣和袖子的边缝线增加一片纸（如果纸样片上没有缝份）。

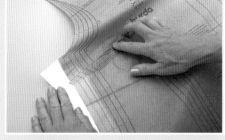

2 折叠胸省道。

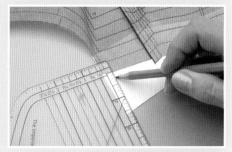

3 从边缝线开始往外量出需要增加的尺寸，最多5mm。

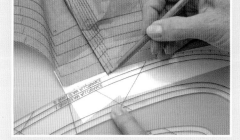

4 当胸省叠合时，用量裙曲线尺将增加的尺寸画到边缝中。

5 保持胸省道的叠合状态，沿着新画的边缝线裁剪。

6 增加胸围后也会增加袖窿的围度，因此，要在袖宽上增加同样的尺寸。

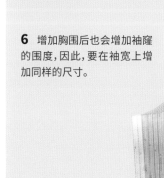

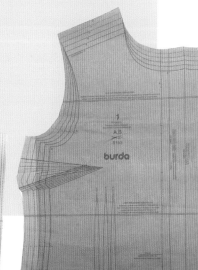

袖子的简单调整

如何延长或缩短袖长

延长或缩短袖长是一种简单的调整,只需要运用纸样的"伸缩线"增加或缩减所需的长度即可。

• 增加袖长的方法

1 找到袖片纸样并按照正确的尺寸剪下来,然后找到纸样片上的伸缩线,并沿着这条线剪下来。

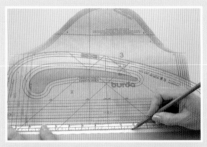

2 在纸样片的一侧用胶带或胶水粘一段纸。用直尺测量需要增加的长度,在新粘的纸上画一条布纹线。

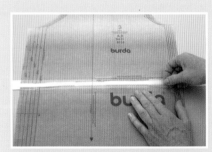

3 将袖片的另一半摆到新画的线上,并用胶带固定。

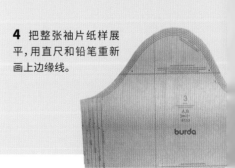

4 把整张袖片纸样展平,用直尺和铅笔重新画上边缘线。

• 缩短袖长的方法

1 找到袖片纸样的位置并按照正确的尺寸剪下来,记住要精准裁剪。

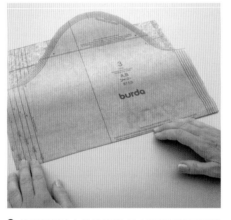

2 找到纸样片上的伸缩线,从上面测量出需要缩减的长度,然后用铅笔和尺子做标记,并沿着伸缩线折叠纸样片。

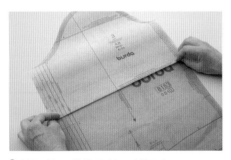

3 折叠到标记的位置,并用胶带固定。

特别说明

这里所说的纸样都是不带缝份的。

裙摆的简单调整

调整裙长简单且快速。

和调整袖长类似,调整裙摆时也需要用到伸缩线。别忘了要在前裙片和后裙片上做同样的长度调整。

• 延长或缩短裙长的方法

1 找到裙摆的纸样片,前片和后片都找出来,然后按照正确的尺寸裁剪。注意,裁剪要精准。

2 裙摆纸样片上也有伸缩线,具体操作参考延长或缩短袖长的方法即可。

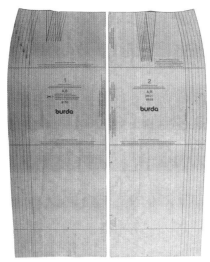

原本的裙摆纸样片

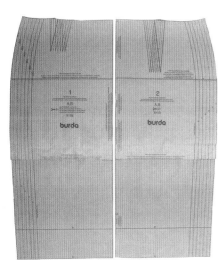

缩短的裙摆纸样片

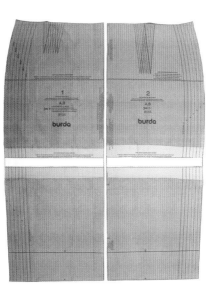

延长的裙摆纸样片

• 缩短裙子腰围的方法

如果想让裙子的臀部合身,就要对腰围做微调(不超过2cm),操作过程快速且简单。

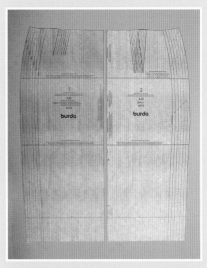

1 找到前裙片和后裙片,并按照正确的尺寸剪下来。注意,裁剪要精准。把需要调整的腰围长度除8,最后得到的尺寸平均分布在边缝线和省道之间,这样才能让裙子既合身又不出褶。

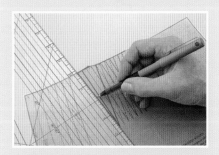

2 从前裙片开始,再次把所需调整的尺寸均分,从腰线两侧省道上向外测量相应尺寸,并把线条没入省道末端。

下页继续 ➤

3 测量出需要从前腰侧缝线上缩短的长度。

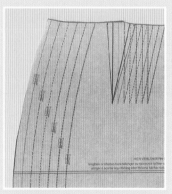

4 用量裙曲线尺画线，并把线没入侧缝线中。

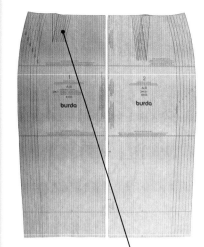

5 用相同的尺寸在后裙片上重复这一操作。前后裙片的腰围都调整好后，再次裁剪纸样片。

• 增加裙腰围的方法

如果想让裙子的臀部合身，就需要对腰围进行微调（不超过2cm），操作过程既快速又简单。

1 找到前裙片和后裙片，并按照所需尺寸裁剪下来。注意，裁剪要精准。把需要调整的腰围长度除8，最后得到的尺寸平均分布到边缝线和省道之间，这样才能让做出的裙子既合身又不出褶。

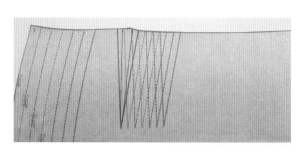

2 从前裙片开始，再次把所需调整的尺寸平分，从腰线两侧省道上向内测量出相应尺寸，并把线条没入省道末端。

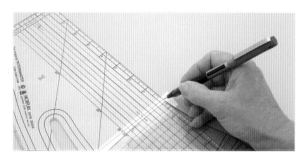

3 在这个例子中，由于纸样中没有缝份，所以，如果需要裁剪更大的尺寸，就需要在边缝处加纸。测量出需要从前腰侧缝线上增加的长度，并标记成线，将其没入臀线中。

4 准确地把多余的纸剪掉。

5 在后裙片上重复以上步骤。

特别说明

别忘了以上内容中涉及的纸样都是不包括缝份的。

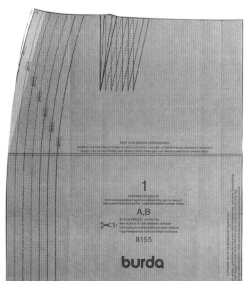

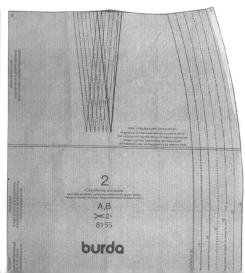

• 调整裙子腰头的方法

调整前的原始腰头

调大裙子的腰头

缩小裙子的腰头

• 增加裙子臀围的方法

如果需要调整的尺寸不超过2cm,就可以通过臀线来调大。

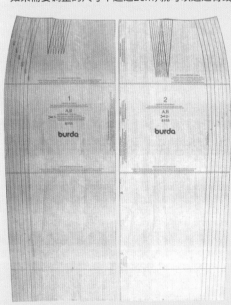

1 找到前裙片和后裙片,并按照所需尺寸剪下来。如果调整了裙腰头,就要相应地调整臀围。

2 在臀部增加所需尺寸,让纸样片更大。在这里添加的尺寸是所增加总尺寸的1/4(将所需增加的总尺寸平分为4份,前衣身2份,后衣身2份)。

3 从腰线到新臀线,一直到下摆用线混合连到一起,并剪掉多余的尺寸。

4 完成裙子调整,在臀线上增加的部分需要一直延伸到下摆。

简单的连衣裙调整

加长或缩短公主线连衣裙

在调整像公主线连衣裙的这种大片纸样片时,尤为重要的是要保持前中线和后中线笔直。考虑好需要调整身体的哪个部位也很重要,因为这种类型的衣服有两个调整点——腰线之上和腰线之下。

• 缩短公主线连衣裙裙长的方法

缩短公主线连衣裙时,要用前中线、后中线或布纹线作为参考来校准纸样片,这对于保持服装的造型很重要。

1　找到所需的纸样片,并根据需要的尺寸裁剪下来。

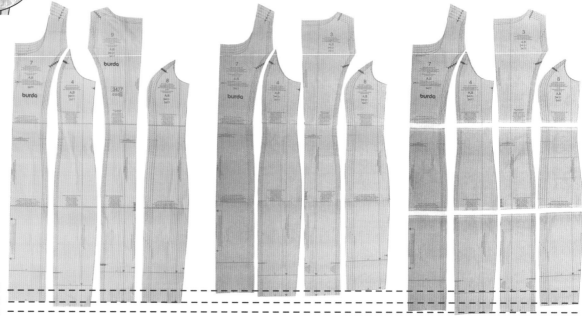

缩短的连衣裙
调整前的连衣裙
调长的连衣裙

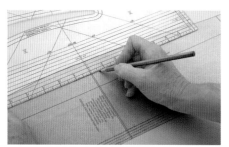

2 测量需要缩短多少裙长。

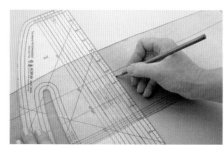

3 用铅笔画一条平行线。

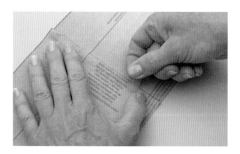

4　折叠纸样,折出需要缩短的尺寸,并用胶带将其固定。

• 延长公主线连衣裙裙长的方法

延长公主线连衣裙时,用前中线、后中线或一条布纹线作为参考来校准纸样片,这一点对于保持服装的造型很重要。

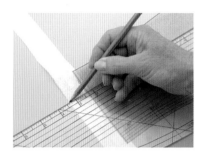

1 找到所需的纸样片,并根据所需尺寸裁剪下来。找到需要调整的位置,在这里把纸样片剪成两半,并用胶水或胶带在其中一半纸样片上粘一段纸,然后量出想要增加的长度。

2 用铅笔画一条线。

3 把另一半纸样片与前中线、后中线或布纹线对齐,并用胶带固定,把两边多余的纸剪掉。

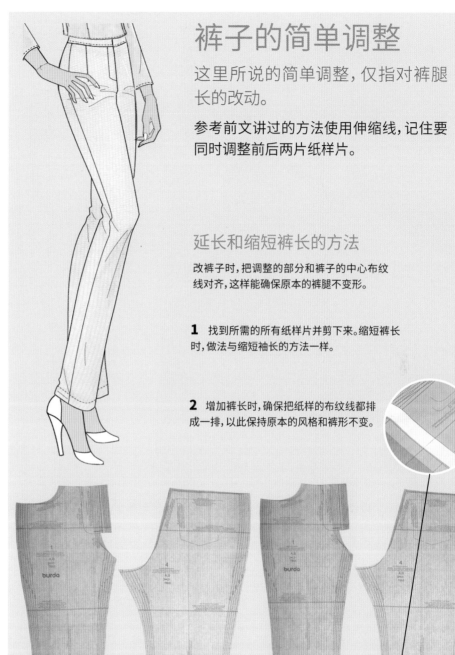

裤子的简单调整

这里所说的简单调整,仅指对裤腿长的改动。

参考前文讲过的方法使用伸缩线,记住要同时调整前后两片纸样片。

延长和缩短裤长的方法

改裤子时,把调整的部分和裤子的中心布纹线对齐,这样能确保原本的裤腿不变形。

1 找到所需的所有纸样片并剪下来。缩短裤长时,做法与缩短袖长的方法一样。

2 增加裤长时,确保把纸样的布纹线都排成一排,以此保持原本的风格和裤形不变。

缩短裤长　　　　增加裤长

Chapter 4
服装纸样设计

本章讲解制作个人服装纸样的方法。使用本书第112~125页提供的原型纸样，或者去商店买一个现成的商用服装纸样都可以。你将学习制作自己的第一件样装并对其进行调整，让它更合身，此外还会学到如何在所做的衣服上添加设计细节。

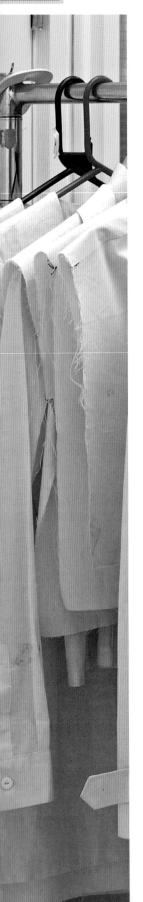

创作自己的服装纸样

何为平面纸样裁剪

平面纸样裁剪是一种成熟的、公式化的、二维层面的方法,能够在量身定做的原型纸样基础上创建和完善纸样片。之后原型纸样的纸质副本可以制成能放在桌面上的可操作平面。在既定公式基础上增加和剪掉多余的纸,通过这个方法建立三维立体形状。最终制作的纸样成功与否,取决于原型纸样与身材的匹配程度、操作的精准度、是否成功运用了合适的方法,以及制版师在诠释设计方案的过程中加入了多少创意。

本章将讨论运用个人原型纸样作为一种制作个人纸样的方法,还将讲解这个行业如何用"生产纸样"和"季度造型"加快设计的速度。创建原型纸样有几种方法,本书只详细介绍其中的两种。第一种方法是用网格系统调整小比例原型纸样的尺寸——本书提供了这些原型纸样,具体可见第112~125页,同时还介绍了如何将其放大;第二种方法是从商店购买现成的商用原型纸样。

在这里你将学习制作自己的第一件样装,也就是所做服装的布料雏形。此外,还会学习如何评估、调整样装的合身度。完成了原型纸样(调整)之后,接下来就可以为自己设计的衣服做更多富有创造性的实践了。对此,需要先了解设计分析,仔细查看最初的设计草图,领会其中的构造细节,然后画出更清晰的操作图。为了保持正确的衣服比例,要用纱线做一个人体模特,从缝线位置到扣位宽度都标记清楚,这样就能简单、直接地将信息可视化,从而更准确地把这些信息标记在纸样片上。

• 什么是基本原型纸样?

基本原型纸样就是对原始纸样草图进行完善后,能够和人体精准匹配的纸样。测试过这种纸样的合身程度后,它就成了派生其他纸样的基础。这个原型纸样不用裁剪下来,只有在人的身材发生改变时才需要对其进行调整。基本原型纸样不设缝份,这能让之后对纸样的操作更精确。

为了更简单地描摹基本原型纸样,也为了延长其使用寿命,可以把已完善的原型纸样描到硬卡纸上。

这种简单的、基础的纸样会很合身,刚好是能穿着服装自由活动的程度。任何出于设计上的形体收缩、外扩或装饰细节都是下一阶段的事。一件纸样样装的半成品就足以评估衣服的合身程度,然而,如果身体的左右不对称,那么就需要在做出一件完整成衣之后,才能最终评定。完善样服的造型需要时间和耐心,为了达到目标效果,制作两件或多件样服的情况屡见不鲜。记住,为了能把样装缝拼到一起,还需要在纸样上额外加上缝份。

• 什么是季度流行造型?

相比普通的制作用纸样来说,"季度流行造型"包括更多的设计投入,因此,也是制作过程的下一个阶段。时尚行业中的季度流行造型一旦完成,就会在当季服装系列中反复出现,它也同样可以复制到卡纸上持续使用。就以一件带垫肩的衬衫或一条低腰牛仔裤来说,制版师会从基本原型纸样入手,根据设计师的说明调整原型纸样的细节。因而这一系列的所有衬衫和牛仔裤都会根据这一基本原型纸样进行裁剪,这样就不用每次都从头开始做了。

• 计算面料需求

设计自己的纸样时,需要弄清楚要购买多少布料。可以这样做,剪下纸样片,记住布纹方向和折线位置,把纸样片平铺到随便一块长90cm,宽140cm的闲置布料上。这样实际布置一下纸样片就可以很容易地观察清楚。如果是两片纸样片并排铺开的,还可以看到布料上还会剩下多大的面积。不要忘了预留出缝份的量。此外,如果选用的面料有明显的印花,遇到接缝处需要拼接,那么就要多买一些布料。

创造基本原型纸样的方法

创建自己的基本原型纸样有几种方法,本书只介绍其中的两种。对方法的选择基本上只是个人喜好问题。基本原型纸样由5个基本纸样片组成——带有省道的上衣前片和后片、袖子、前裙片和后裙片。裙片和衣片可以连在一起做成连衣裙。

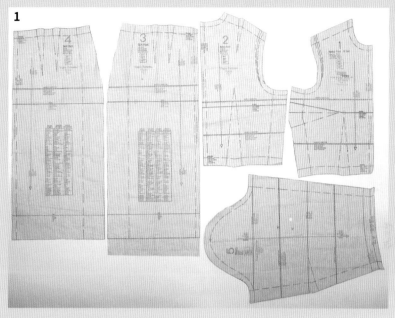

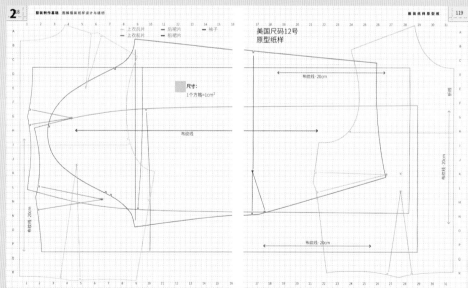

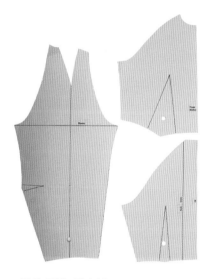

操作纸样:插肩袖

操作纸样是用基本原型纸样做成的,只是在设计上更进了一步,例如插肩袖、上衣和袖子的纸样被做在一起形成了一个新的形状、一个连肩袖,或者基础款T恤衫。这些精确的生产用纸样一旦完成,或者做成了样服,也可以转印到卡纸上以备将来使用。

1 商用服装原型纸样或试身样

这是一种从商店购买的纸样,可以买标准尺寸的然后按身材修改尺寸。纸样中也会提供个性化调整的操作指南。

2 使用原型纸样

用本书第112~125页提供的原型纸样,再按照第66页介绍的步骤在网格纸上调整原型纸样的大小。

使用原型纸样

如何用原型纸样创作定制纸样？

可以选择手工制作的原型纸样，也可以直接用一份商用服装原型纸样，然后按照自己的身材创作独一无二的定制纸样。可以把做好的定制纸样复制到卡纸上重复使用，以用来不断创作新的纸样。

• 如何放大原型纸样？

本书的第112~125页提供了7种缩小后的原型纸样，可以用它们来制作自己的个人原型纸样。为了让放大纸样这道工序变得简单，原型纸样的每一行每一列都用字母或数字进行了标记。在纸样描图纸或标绘纸上，网格中每个格子的边长是2.5cm。具体见下文中关于放大原型纸样方法的介绍。

• 如何使用商用原型纸样？

很多公司不仅会生产商用服装纸样，还会生产各种尺寸的商用基本原型纸样（或者裁衣用尺寸的纸样）。其特点就是在同一本纸样目录中，它们是作为常规纸样存在的，百货商场或面料商店中都可以买到。

使用商用服装原型纸样非常方便，可以为制作个性化纸样节省很多时间。每份原型纸样只有一个尺寸，因此在购买前就要明确自己需要的尺码。

• 按比例放大原型纸样

在开始这项工作之前，需要先准备网格纸，可以从网上下载，用A4纸打印然后粘到一起，也可以直接买带有2.5cm方格的裁缝纸样片。如果要自己画网格纸，就要一直检查尺寸，确保所有的线都彼此平行，这一点很重要。

原型纸样上不包含缝份，因此，需要在按比例放大之后、制作样服之前，给纸样添加缝份。

缝份宽度为1.5cm。

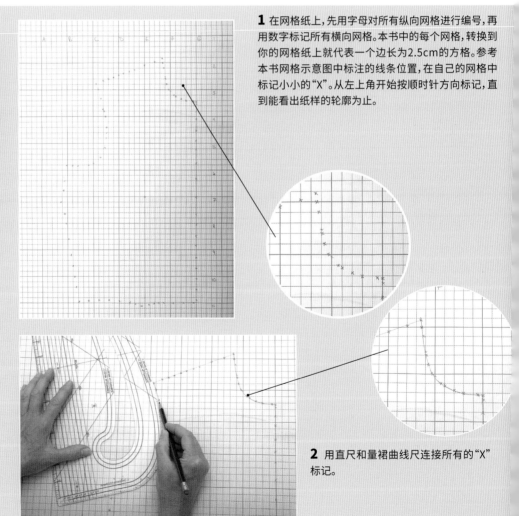

1 在网格纸上，先用字母对所有纵向网格进行编号，再用数字标记所有横向网格。本书中的每个网格，转换到你的网格纸上就代表一个边长为2.5cm的方格。参考本书网格示意图中标注的线条位置，在自己的网格中标记小小的"X"。从左上角开始按顺时针方向标记，直到能看出纸样的轮廓为止。

2 用直尺和量裙曲线尺连接所有的"X"标记。

商用服装原型纸样是最重要的纸样，其他所有纸样都以它为基础制作。为了方便使用，这些原型纸样在制作时添加了很大的缝份，因此很容易对其进行尺寸调整，并且可以直接在纸样上标记所有的改动。商用服装纸样通常都包含使用面料的建议，例如餐布格纹或格子花呢，因此，通过垂直和水平的线条就很容易评估样服的平衡度。

纸样套中有关于如何精准量体、如何调整第一套样服的合身程度的介绍，甚至还会对不同的身材适合什么样的设计给出建议。

商用原型纸样

如VOGUE这样的供应商也会发售原型纸样，但要用来制作自己的个性化纸样还需要做大量的工作。

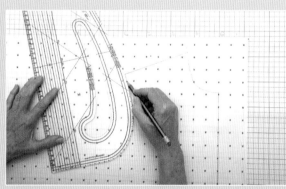

3 把所有"X"标记都连接好后，用曲线尺把刚完成的形状描到一张新的纸样描图纸上。

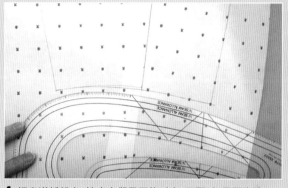

4 把省道折起来，检查它们是否能对齐、匹配。如果要确认同一条曲线或直线是否从省道的一侧直接连到了另一侧，对折检查是一种很好的办法，然后把所有凹凸不平的地方展平。

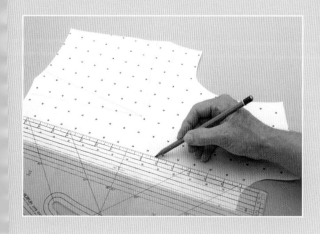

5 在裁剪前先测量纸样片，确定尺寸是否正确。例如，检查前裙片、后裙片的边缝是否等长。裁剪纸样片，然后标记、命名，并在所有纸样片上标记布纹线、剪口，等等。

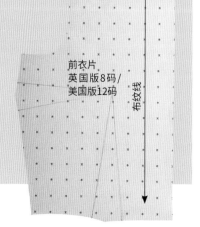

前衣片
英国版8码/
美国版12码

布纹线

样服制作与试穿

做一件样服来测试衣服的合身程度。

检查过原型纸样的精确度后,就可以做第一件样服了。样服是用平价面料制作的成衣的早期版本,是用来测试纸样的,可以说是一种用布料做的衣服雏形。在完善原型纸样的过程中可能会做多件不同的样服。

• 样服制作与纸样修正

首先需要用蒸汽熨斗熨一些中等重量的平纹细布,并把布按照布纹线对折。用一张新的纸样描图纸把原型纸样描下来,并在上面添加缝份。把纸样片铺在细平纹布上,与布纹线保持平行,用铅笔把纸样的轮廓描在布料上。在前衣片和后衣片上做标记,画出胸线、腰线、袖宽线和袖肘线。在裙片上标记臀线,并标出所有布纹线。把这些内容标记在平纹细布上十分重要,这样一旦开始做样服了,就能直观地看到这些线是否平衡、是否符合身材。

• 缝制样服

用1.5cm的缝份把样服缝到一起。整个过程都需要确保准确无误,避免后期还要再次调整样服尺寸。把纸样片展平,先缝省道。前省道压向前衣片,后省道压向后衣片。下一步把前衣片和后衣片的肩缝和侧缝缝到一起,并把两片纸样片压开。缝合腋下两个袖子的部分,然后把袖子塞进已完成的袖窿里。不要压平袖山,否则会把放松量压平。对于裙摆部分,要在缝合边缝之前先做省道。

• 有条理的裁剪纸样

裁剪纸样的时候,一定要有条理性。把制版的每一步都记录下来,一旦出现了明显错误,就可以按照记录回头检查之前的每个步骤,找出哪里出了错。例如,在对一些纸样片添加缝份时就很容易出错,或者在把纸样裁片缝到一起时很容易缝错边。逐步操作有助于把出错的概率和误差降到最小。永远不要忽视问题,因为纸样裁片或样服的裁剪操作通常会影响成衣效果,所以在纸样片阶段就把问题摆出来,这样会节省很多宝贵的时间和金钱。

关于条理性工作的提示

只要领会了基本原则,有条理地去工作就会让你更具创造性。

- 在卡纸上描出原型纸样的轮廓,把它们和纸样区分开。
- 仔细给每件东西贴标签,把所有原型纸样、纸样片或其他东西都标记上名称和时间,如左前裙片(样式1)、袖口(样式4)、剪褶等。标出前中线和后中线,以及布纹线、平衡线、凹口和缝份尺寸。这在每一步都很有用,有助于避免混淆。
- 在操作纸样片的每一步都对其进行追踪记录。只有在完成平面上的纸样操作,准备好开始测试样服时,才可以在纸样上添加缝份。
- 务必在最终的纸样上留好缝份。
- 一定要在纸样裁片上标记方向、正反面,如果有必要还可以

- 在纸样裁片上写上"正面朝上",表示不可翻转。
- 对于匹配纸样片、检查纸样、缝合纸样来说,剪口都是必不可少的,别忘了穿在身上试一下,这会为后期节省大量的时间。
- 一次只剪一片纸样,检查所有纸样片,确保它们在必要的地方互相匹配。
- 用裁缝大头针或粉笔在布料裁片上标记所有的省道和细节。
- 缝合样服的时候,记得在纸样上标记的缝份上进行缝纫。哪怕产生1cm的小误差,做出来的样服也会有很大的变化。
- 在样服上做的任何改动都需要立刻复制到纸样上,以免忘了在哪里做了改动,或者做了什么改动。此外,如果在纸样上剪去了一部分,别忘了再添加上缝份。

• 试穿样服

样服试穿的目的是检查
服装的线条、宽松度及各
部位的比例是否合适。

在第一次试穿样服之前,
在腰上系一根松紧带,标
记出自然腰线的位置,并
在内衣上标记出胸顶点
和下臀围,也可以穿着紧
身衣用贴胶带的方式标
记,以此来检查身体上的
这些点是否和样服上的
相关位置点对齐。

使用模特

如果你买了一个服装模
特,可以用它填充出自己
的尺码,然后试穿样服。

• 保持样服平衡

所谓完美的平衡,就是指衣服的前中线、后中线、腰线
和臀线都与身体上的相应位置贴合。先做出平衡的样
服十分重要,因为其他所有成衣都是在样服的基础上
制作出来的。如果样服平衡了,后续再用这个原型纸
样制作的所有成衣就都无须再进行调整。

提示

如何找到前中线的位置呢?在脖
子上松垮地系一根细绳子,用另
一根线松松地穿过脖子上的线,
在绳子末端绑上一个稍重的东
西,形成一条中垂线。把中垂线一
端放在前颈的中心点,让绑有重
物的一端自然下垂。参考所做的
中垂线,用透明胶带在内衣或紧
身衣上标记准确的前中线,并用
同样的方法标记后中线。

完美身材,平衡的衣服

不完美的身材,不平衡的衣服

不完美的身材,平衡的衣服

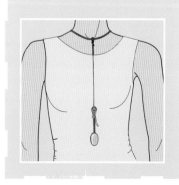

• 检查样服的合身度

首次试穿样服的时候,后退一步,在镜子中远距离观看,评估其合身度,检查时要注意样服上平衡线的位置。检查前中线、后中线、腰线、臀线是否和你的身型匹配。注意要身体站直向前看,因为俯视或扭动身体都会让评估不准确,尤其是如果想试着看看衣服后面的时候,自己可能看不准,所以这个阶段最好寻求他人的帮助。

留意衣服穿在身上的感觉——上衣应该合身,而且不能太紧。注意有没有什么地方的布料过于松弛,有没有拉扯出横向的褶皱。此外,袖窿不能太紧,要确保手臂能自由活动。还要记得检查边缝的位置是否在两侧,不要偏前或偏后。

这个阶段很值得花时间合理地评估、调整样服。只有调整出一个完全合身的原型纸样,才能确保随后做出的设计能完美合身。

1 在自然腰线的位置系一条绳子或一根松紧带,对比这条线和样服上标记的腰线位置。如果两条线没有重叠,那么就需要调整纸样上的腰线位置。

• 调整样服

如果样服太大了,可以通过样服的缝合线和省道来剪掉明显多余的布料,在这个过程中要确保平衡线仍然是笔直的。用铅笔标记调整,然后将其转移到纸样上。
如果样服太小了,可以拆掉保留区,放出放松量。测量在此过程中产生的豁口,在需要的地方添加相应的尺寸。

试穿袖子

袖子放在支架上或穿在身上的时候,都可以去评估它的合身程度。竖在袖子上的中心布纹线应该位于裙摆或裤子侧缝稍靠前的地方。检查穿在胳膊上的袖子时,看手腕的位置是否在袖口的中心,并且检查袖子前后是否顺着胳膊贴合,有没有什么不舒服的地方。如果出现了拉扯、起皱的现象,就把袖子翻出来,绕着袖窿向前或向后微调袖山,这可能只是一个非常微小的调整,不超过6mm。

袖子没对齐
这种情况会让袖子偏后。

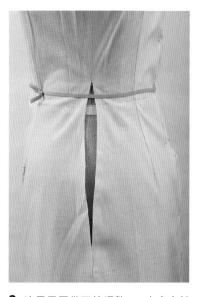

如果有什么主要的地方需要大调，就需要不断地调整样服了，甚至可能需要重做一件。注意，要始终确保在纸样上做了相应的调整。在制作自己的纸样时，样服是一个重要步骤，在达到完全合身的目标之前，经常需要做好几件样服。

2 这里需要做两处调整——上身太长了、腰围太小了。要调整这两个地方，就要测量松紧带和铅笔线之间的差距，这样就能得出上衣纸样需要缩短的长度。腰部的松紧最好用打开边缝的方式来调整。测量出需要增加的尺寸后，再添加到纸样上。

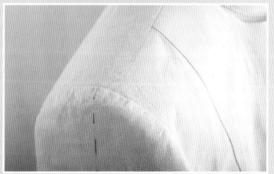

袖子对齐

袖子的中心布纹线应该在上衣肩线靠后1cm的位置。袖壮线应该是水平的，中心布纹线应该可以向下延伸到衣服侧缝稍靠前的位置。

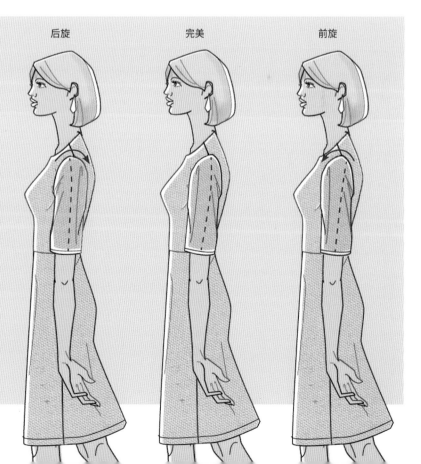

后旋　　　　完美　　　　前旋

进一步调整服装纸样

为了让服装纸样更合身,可能还需要进行一些调整。

无论是使用了本书第112~125页提供的原型纸样,还是买了一个商用服装原型纸样,很可能都需要做一些改动,使其更合身。在检查了衣服的平衡度、评估了衣服穿在身上的感觉之后,对于衣服上哪些地方可能需要进行一些调整,相信你已经有了一些想法。此时,你已经完成了删减或添加等简单的调整操作,但可能还需要对纸样做一些更专业的改动来完善样服,接下来几页的内容将主要讲解这些内容。

• 调整与试穿上衣纸样

试穿上衣的时候,重点关注在某一处做了调整之后,会对上衣的其他部分产生了怎样的影响。

肩线　领口　袖窿　胸围　上衣原型纸样　胸顶点　前中线　胸省　腰省　腰线

缩短和延长袖窿

如果一件无袖连衣裙的袖窿和身体之间有空隙,或者袖窿紧紧勒着身体,那么接下来讲解的纸样调整方法就能解决这个问题。同样,如果有袖上衣的袖子太宽松,或者发现袖窿太紧勒着身体,这些方法同样有效。记住这些改动会直接影响袖子,所以延长或缩短袖窿的同时也需要对袖子进行相应调整。

前衣袖窿:缩短　开　收

前衣袖窿:延长　开　收

后衣袖窿:缩短　开　收

后衣袖窿:延长　收　开

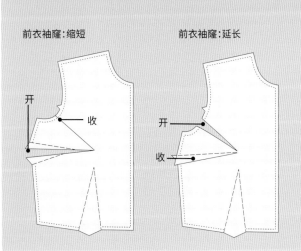

试穿、调整袖窿

无论是对于衣服的舒适度,还是对于安装袖子的过程来说,一个平整、合身的袖窿都是必不可少的。试穿样服后,注意任何感到拉扯或紧绷的地方,还要查看袖窿的前后是否太大。

如果发现有任何多余的布料,就有必要调整袖窿。记住,用这种方法从袖窿上移除布料会影响到袖子。如果发现袖子有问题,那么拿掉袖子看看袖窿是否合身,这通常都会有所帮助。

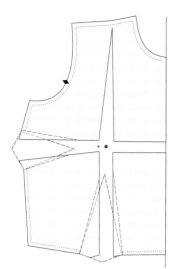

增加胸围

这种调整方法能在不影响上衣其他地方的情况下调整胸围。但只有在身体胸围和衣服胸围之间相差5cm时,或者胸部尺寸是C罩杯或更大的时候,才能使用这种方法。

从肩中点开始,穿过胸顶点一直到腰线裁剪原型纸样,然后从前中线开始水平穿过胸顶点,一直剪到侧缝线。注意,增加的尺寸因人而异。

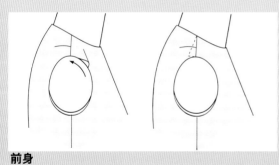

前身

从袖窿前侧修改围度。

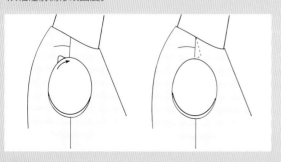

后身

从袖窿后侧修改围度。

• 调整与试穿袖子纸样

如果上衣袖窿太紧,可能就需要做放松调整,这会影响到袖子。接下来的步骤将演示这种调整如何操作。

1 找到上衣和袖子的原型纸样并剪下来。

2 把袖子纵向四等分。

3 从袖下缝向下量出2.5cm的长度并做标记。

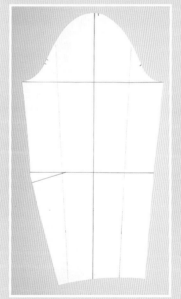

4 以刚做的标记点画曲线,并将线的另一端没入前后袖山的第一个等分点里,形成一条新的袖窿形状,并把多余的纸样片剪掉。

下页继续 ▶

5 这次只从袖子腋下的位置向下量出2.5cm的长度,再画一条光滑的曲线,一直画到袖山第一个等分点处。沿着这条线裁剪,但不是一路剪穿,而是在袖山处保留一个缺口。

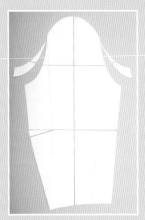

6 以缺口为轴心将两个(剪下的)部分转动同样的角度,与最开始放松袖窿的尺寸相同。这一调整会在袖宽处增加更多的活动空间,同时保留调大后的袖窿尺寸。

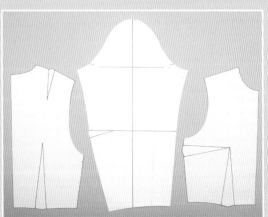

7 在纸样下面垫一张纸,用胶带或胶水固定轴心点,裁剪出新的形状。做好纸样片后,将上衣侧缝处的袖窿放宽2.5cm,小心地制作出袖窿的形状,就像在袖子上的操作一样。移动前后袖窿的剪口,使其大致保持在相同的位置。

试穿袖子

基本合身的袖子

一个基本的袖子应该能顺利地接入袖窿。当袖子自然下垂时,其中心布纹线应该处在衣服的侧缝线稍前的位置。袖宽线应该和这条中心布纹线呈90°角。

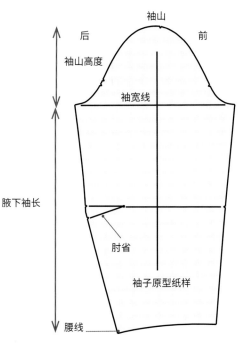

增加或减少袖山放松量

几乎所有的袖子都在袖山(或者袖山头)留有放松量,这样做既能让袖子有型,还能让胳膊自由活动。在制作基本纸样或个人原型纸样的时候,要在袖子纸样上留有一定的放松量,小袖(后袖)要至少留1cm,大袖(前袖)要至少留0.5cm。

预留的放松量大小因面料不同而有所差异,皮革和塑料材质很难塑造袖窿,如果你用的恰好就是这类面料,就需要缩小袖山放松量。

如果发现袖山留的放松量太多或太少,用简单的"切缝和展开法"即可。

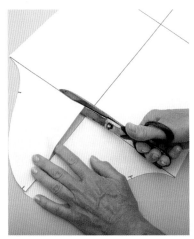

1 找到袖子的原型纸样并剪下来,沿着袖山上的中心线裁剪,一直剪到袖宽线,然后转向两边剪到侧缝,保留开口。

 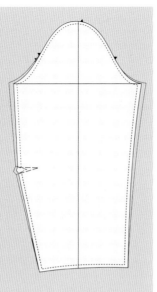

加宽袖子

如果袖子太紧,身体的活动就会受限。向上伸胳膊时,如果整件衣服都向上提拉,就代表需要增加袖宽了。

 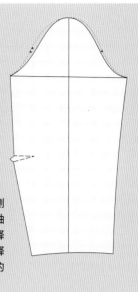

加宽袖山

如果上衣前侧出现了拉扯的横纹,可以转向侧面查看袖山的宽度,可能就会发现需要加宽袖山。拆掉袖笼前后的缝线以缓解紧绷,看看释放到什么程度衣服上拉扯的横纹才能得到释放,那么这个尺寸就是需要在纸样片上添加的袖山宽度。

 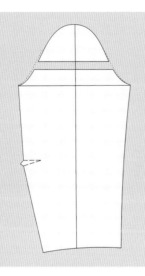

调整袖山高度

如果袖筒从袖山顶部直接耷拉下来,无法自然下垂,可能就需要增加袖山的高度了。

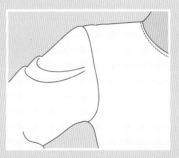 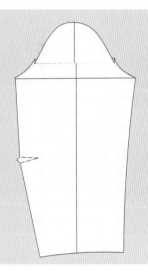

如果出现了多余的布料,就需要缩短袖山。

2 为了增加袖山放松量,绕着开口旋转纸样片。

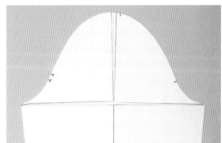

3 在下面垫一张纸并用胶带或胶水固定位置。通过重新画线来消除所有凹凸不平的地方。

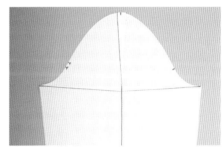

4 如果要缩小袖山,就运用开口在纸样上折叠出所需的长度,再将位置固定,然后粘贴在纸上并展平所有凹凸不平的地方。

• 调整与试穿裙子纸样

为了做出一条合身的裙子，要先进行试穿并评估其合身程度。标记出所有多余的布料，查看平衡线是否横穿臀部，并且向下直穿过前中线、后中线和边缝，还要看看裙子前面或后面是否太紧。如果存在这些问题，可以用接下来讲解的调整方法进行快速调整。

腰线
腰省
臀线
裙摆原型纸样（前身）
前中线
边缝
下摆线

在裙子的局部添加额外空间

如果侧缝向前或向后拉扯，就表明腹部或臀部需要增加更多的空间。这里介绍的就是在某个区域增加额外空间的方法，同时又不影响衣服其他的区域，这样就能把额外的空间添加在最需要的地方。

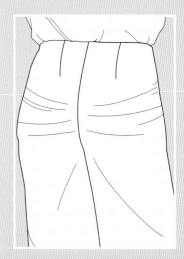

裙子后面过紧。

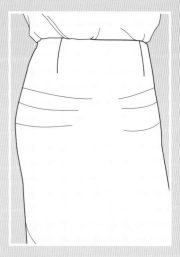

裙子前面过紧。

去除裙子后身多余的面料

如果在裙子后面凹陷处出现多余的面料，可以用下图所示的方法去除。用大头针从侧缝朝着后中线把多余的部分固定住，然后从纸样上剪掉一个楔形。

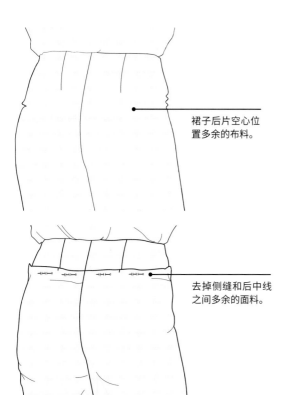

裙子后片空心位置多余的布料。

去掉侧缝和后中线之间多余的面料。

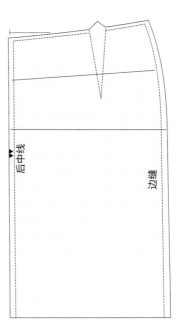

后中线
边缝

调整纸样

从后中线到侧缝横切纸样，保留一处开口。重新画一条笔直的后中线，确保和顶部保持90°角。

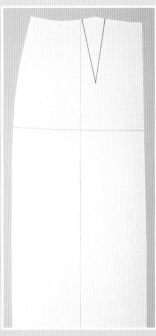

1 找到前裙片和后裙片的原型纸样并剪下来。沿着臀线把裙子原型纸样对半分开,从腰线到下摆重新画一条线。

2 从腰线到下摆剪下来,在下摆处保留一处开口。从臀线的前中或后中开始剪到侧缝,在侧缝处保留一处开口。

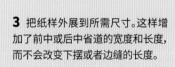

3 把纸样外展到所需尺寸。这样增加了前中或后中省道的宽度和长度,而不会改变下摆或者边缝的长度。

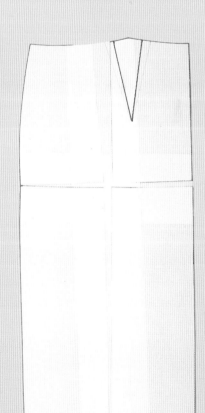

4 用胶水或者胶带在纸样底下贴一张纸。

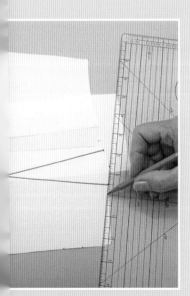

5 为了保留原来的腰围尺寸,在省道处增加所需的尺寸。

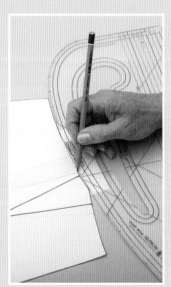

6 将添加的部分融入腰部造型,展平所有凹凸不平的地方。

7 展平侧缝和前中线或后中线。如果是在纸样上增加尺寸而不是减少尺寸,这一步就会更好操作。

• 调整与试穿裤子纸样

要想做出一条合身的裤子,重要的是先弄清楚怎样才能让裤子合身。一条裤子是否和人体上半身匹配,将决定其他部分的表现。两处最重要的尺寸就是档深(这个尺寸是在坐下的时候量得的,在侧缝处测量从腰线到椅面的距离)和档长(两腿之间从前中线到后中线的距离)。

如果裤子档部太紧或太松,可能就需要调整档深了。将自己的档深尺寸与纸样上的尺寸进行对比,如果需要调整,就要确保在前、后侧同时缩短或加长相等的尺寸。如果档深和档长都要调整,那么必须先调整档深。要想在纸样上精准调整所需的位置,这通常是一种很有效的做法。

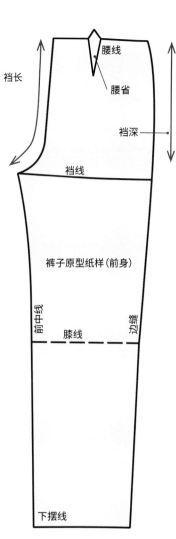

缩短档深和腿长

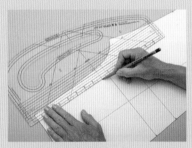

1 找到裤子的前、后原型纸样或纸样并裁剪下来。从纸样的臀线处量出需要缩短的长度,然后用铅笔画一条与臀线平行的直线。

2 沿着臀线折叠,折到刚量好的直线处。用胶带固定其位置,并在后裤片上重复此步骤。

这个步骤缩短的是裤子的总长。

在腹部或臀部的区域添加富余空间。

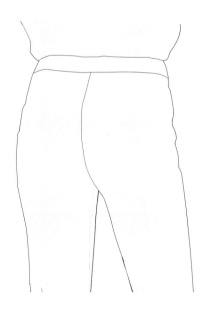

增加裆长

如果在调整过裆深之后尺寸还是太长或太短,可能就需要调整裆长了。

无论一条紧身的裤子还是一条宽松的裤子,其不同的合身需求决定了所需的放松量。在长度上可能是1.3cm到3.8cm的任何尺寸,这取决于裤子的款式。

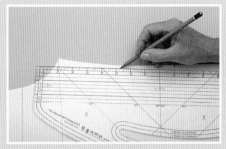

1 从前裆的曲线处画一条直线,一直画到腿的内侧。

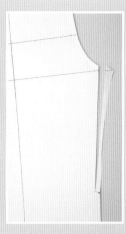

2 沿着这条线一直裁剪到腿的内侧。不要剪断,留下开口。向外转动纸样,运用留好的开口转出需要增加的裆长尺寸,并在纸样下面加一段纸。

3 重新画一条平滑的裆线,并用同样的方法处理后裆线。如果需要增加的裆长超过2.5cm,就要在现有腰线之上添加了。

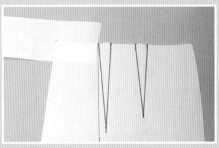

4 如果在增加了裆深和裆长之后,裤子裆部仍然很短,可能就需要同时在腰线前中和后中处增加一些尺寸了。首先在纸样腰线前中、后中处加纸。

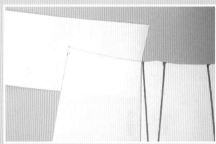

5 在腰线前中、后中的位置向上量出所需尺寸,从标记点出发,画一条曲线,曲线另一端没入腰线之中,向上延长缝线一直到标记点,并剪掉多余的纸。

方法1

如果是裤子的后面太紧,那么有一个简单的方法能够放松后裆,那就是在侧缝增加一些额外的尺寸。

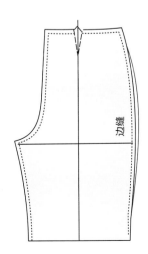

方法2

从布纹线向下一直剪到膝盖,向外剪到侧缝。注意不要剪过膝盖处,保留开口。下一步从前中线或后中线开始水平剪到侧缝,还是要小心不要剪断。在所需位置精确地添加或缩减尺寸,让纸样保持笔直,增加同样的尺寸。如果需要保持原有的腰围尺寸,就通过增加省道的方式来获得额外的尺寸。完成之后,重新画一条平滑的侧缝线。在对应的另一片纸样上对平展的腹部或臀部进行相应的调整。

省道

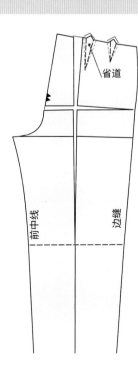

省道

设计服装纸样

现在你已经完善了自己的原型纸样,下一步就可以尝试做第一个设计了。

去实现你的设计想法,这有助于理解比例,以及在身体的哪个部位设置缝线是最合适的。

可以用纱线或胶带在模特上规划出造型线,这是一个很好的方法,能从三维层面审看自己的设计。接下来几页的内容用到的是标准的美国尺码6号(英国尺码8号)模特。如果针对的并非是标准尺码身材,可能就需要找一个服装模特改装一下,制作一个符合自己尺码的模特。

设计师经常会把他们的灵感付诸纸上,所以设计师的草图就是最初的想法,它通常展示了成衣完成后会是何种效果,还展示了面料将以何种方式呈现,可能还包含衣服的颜色和质感,以及成衣会给人们带来怎样的整体感受。

• 绘制操作图

在实现自己设计的过程中,首先要做的一件事情就是画一张操作图,即关于衣服的简单线描,以强调结构方面的细节——在哪里放置缝线、省道、打褶、缉面线、扣眼等。在设计师草图的基础上,操作图应该是成比例的,并有精确的线条,只要是你希望在身体上呈现的部分就需要画出来。如此画出设计方案,有助于设计师聚焦和思考这些细节,由于会影响后续将如何裁剪纸样,所以工作图在这一阶段是至关重要的。

考虑细节

在开始绘制纸样之前,需要先想好用什么面料来做这件衣服。下页图展示的衬衫是用一种梭织棉衬衫面料做的,没有弹性(梭织面料有时会有少量的弹性)。在选择面料时,弹性是需要考虑的重要因素,因为纸样必须去适应面料的弹性程度)。这件衣服的合身度是通过聚集在前后育克上的四条省道获得的。育克并没有一条自然的肩缝线。领口是环形的,轻垂在脖颈前中处。

• 将模特调整为自己尺码的方法

在时装行业,为了让服装适合个人的尺寸,一个常用的方法就是用小码的、牢固的、亚麻材质的服装模特填充成自己的尺码,这样就可以完全复制自己的体型了。

所需工具

- 小于自己身材尺寸的服装模特
- 大头针
- 卷尺
- 剪刀
- 棉絮
- 自己尺码的胸罩
- 松紧带
- 结实的平纹面料

用本书第22页的量体表,将自己各处的尺码和模特尺码进行对比,顺序是从上到下,用棉絮填充模特以得到自己的尺码。模特填充好后,可以用大头针和松紧带(或纱线)在模特上钉出新的臀线和胸线的位置。

把胸罩穿在模特上,用棉絮填充罩杯。测量一下,确保做出了正确的胸部尺码。

在整个模特上钉一层平纹布料,制作一个光滑的表面,方便后续的工作。

用成条的棉絮填充腰部。从窄条开始,分层填充棉絮,依次使用更宽的棉絮带。测量腰部并检查比例。

• 将操作图转移到纸样的方法

在这一阶段,例如,纽扣尺寸这样的细节也是必须确定的,这会影响到扣位的宽度——裁剪这片纸样首先要做的工作之一。按照下面介绍的操作说明,逐步把操作图转移到纸样上。

用大头针在模特上钉出造型线,这样就能更清晰地看到衣服在身体上呈现的比例。原型纸样是对胸架或服装模特的平面表述。下图展示的是标准尺码6号(英国尺码8号)模特。用这种视觉的方式呈现服装比例,意味着可以精准测量距离,并且将其直接转移到纸样片上。

所需工具

- 操作图
- 模特
- 纱线
- 大头针
- 纸样描图纸
- 红笔
- 铅笔

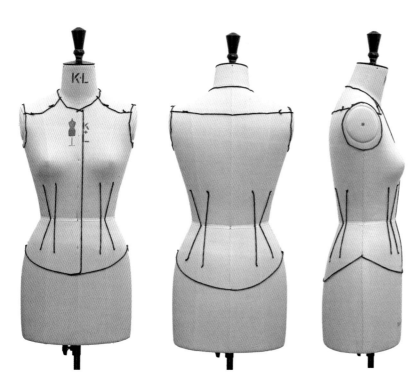

1 根据操作图,用纱线和大头针在服装模特的正、背面规划出造型线。记得要时不时地站远点儿审看一下服装模特,看看设计的比例和准确性。

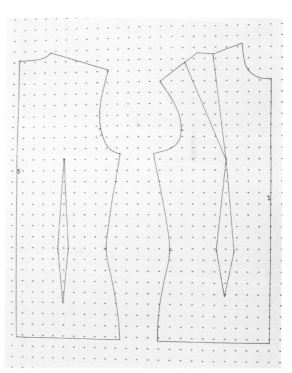

2 把根据设计方案做好的原型纸样描到纸样描图纸上,这里运用的是一个躯干原型纸样的案例。你将用到这个和服装模特一致的平面原型纸样,确保它们是同样的尺码。用红笔描出最初的原型纸样。

下页继续 ▶

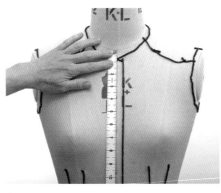

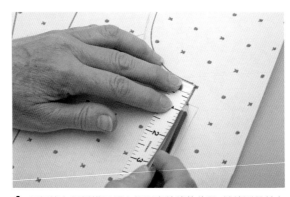

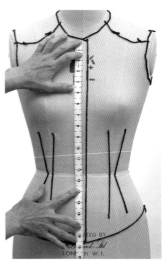

3从前颈线开始，在模特上进行操作。量出模特的颈线前中点和你用纱线标记的颈线前中点之间的距离。

4 用铅笔在纸样描图纸上标记出纱线的位置，继续测量并在纸样片上标记出相关的位置点。

5 量出从纱线标记的颈线前中点到设计好的下摆之间的距离。

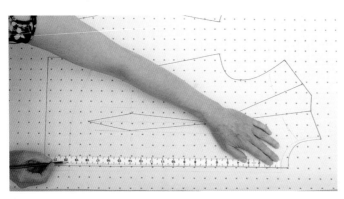

6 把测量好的尺寸转移到纸样描图纸上。

7 从模特的前侧顶端到后侧顶端有序地操作，把所做的设计转移到纸样描图纸上。以模特的肩缝、腰缝、和侧缝作为参考点，用于对比原型纸样的肩缝、腰缝和侧缝。

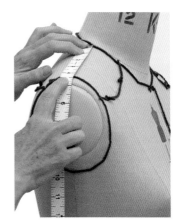

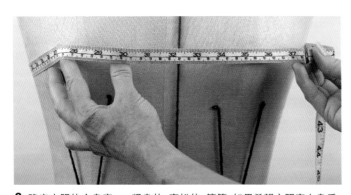

8 确定衣服的合身度——紧身的、宽松的，等等。如果希望衣服穿上身后，其放松量大于原型纸样上的胸围，就用卷尺绕在胸上，此时必须决定你想让设计的衣服比原型纸样胸围大多少。然后在原型纸样上量出新的胸围，并比较原型纸样胸围与想要的胸围之间相差多少。得到二者之间相差的尺寸后，将其等分成4份，在与胸部水平的每条侧缝处各添加1/4的长度。

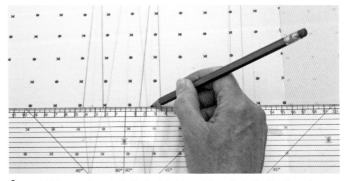

9 原型纸样上只有一条省道，但我们的设计有两条省道。若要把一条省道分成两条，就要找到原型纸样上的省道中心点，然后画两条与其等距的纵向垂直线。测量省道宽度，然后将其二等分给两条新省道。最后画出两条和原省道长度一样的新省道。

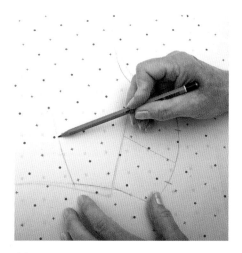

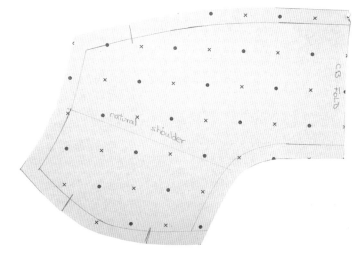

10 这个设计有前育克和后育克,没有肩缝。为了创建肩缝,首先需要找到育克的袖窿边,然后把描图纸放到省道靠近颈部的一边,除去省道,把育克剩余的部分描上去。

11 把前育克片和后育克片相连,这样肩缝就连到一起了,然后继续描图。描完所有纸样片后,添加缝份,然后裁剪下来。一次只剪一块纸样片,还要检查所有纸样片是否相匹配,以确保它们都能合身。这是一个很好的实践——在这一阶段进行纸样检查测试,能在将来节省大量的时间和布料。

剪口及其应用

剪口非常重要,在装配服装的过程中它们起着"路标"的作用。

剪口用于识别纸样各部分是否能匹配,有助于更简单、准确地装配衣服。从纸样上转印信息的时候,在面料边缘插上大头针来标识剪口的位置(不要超过3mm)。太多剪口会损坏面料,而且如果剪口用得太多,容易混淆。剪口可以标示如下信息。

• 服装上的放松量限度
• 褶裥的起止位置
• 中心线或折线
• 下摆卷边宽度和袖口
• 拉链终点位置
• 自然腰线位置
• 自然肩端点位置
• 缝份宽度的变化(工业用)
• 如何匹配弧形缝

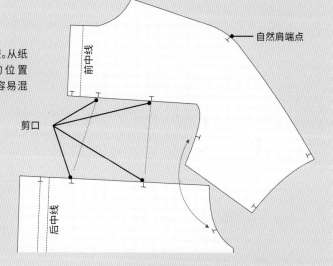

虽然商用服装纸样和工业服装纸样都设有剪口,但它们在纸样上呈现的样子却不同。商用服装纸样的剪口用三角形表示;工业服装纸样的剪口则用T字形表示,然后用纸样切口器切成裂口。绘制自己的纸样时,需要在纸样的计划阶段就考虑剪口的位置。用一把尺子画出短线,形成剪口。后续所有阶段的纸样上都需要转印剪口,并且检查它们是否匹配。

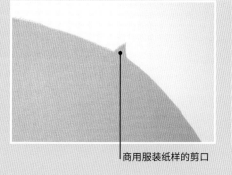

商用服装纸样的剪口

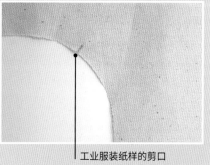

工业服装纸样的剪口

基础省道的应用

省道是把二维造型转换成三维造型,并让衣服严丝合缝贴合身体的关键部分。

一旦领会了使用省道的方法,那么具有任何造型、优美轮廓或者设计魅力的原型纸样设计和操作,就都能理解了。使用胸省是学习纸样裁剪的第一课。

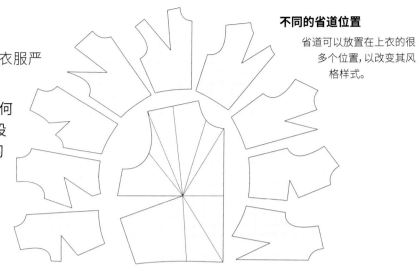

不同的省道位置

省道可以放置在上衣的很多个位置,以改变其风格样式。

• 制作基础省道

上图展示了不同的省道位置。可以用全尺寸或半尺寸的原型纸样实践这些省道操作方法,作为一种练习。试着围绕胸顶点移动这些省道,你就能开始练习这一方法了。用上衣原型纸样(见112~125页),逐步跟着下列步骤进行练习。基础的上衣原型纸样有两条省道,从把这两条省道合并进一边侧缝省道开始。

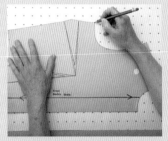

1 描出前衣片。这里用的上衣原型纸样是用硬卡纸做成的,方便进行更快捷、精准的描图。

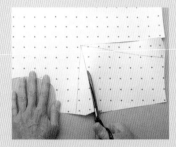

2 剪开前腰省和侧缝省道。

3 合上腰省,让侧缝省道保持敞开(记得不要全剪断,在纸上保留一小段距离作为连接)。

继续练习,在纸上描出前衣片原型纸样。如上图所示从胸顶点处画线。要想用好省道,每次就只能剪到胸顶点,然后在不同的位置合并、打开省道。

• 制作不对称省道

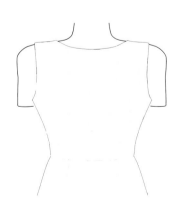

1 制作不对称省道,需要描出前衣原型纸样,把左右侧缝集中到前中线上。此时需要描出完整的上衣片,因为左右侧缝是不一样的。

2 裁剪腰省和侧缝省道,一直剪到胸顶点。合上胸省直到边缘相交。此时腰省就会张开。

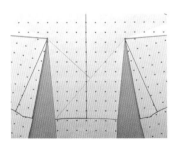

3 画出新的省道。

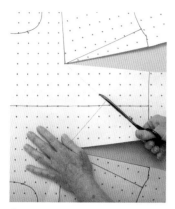

4 从左到右剪一条长口。

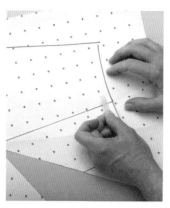

5 闭合右侧的腰省,此时新剪的长省道则会张开。

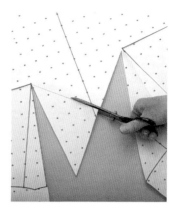

6 从右到左剪开较短的省道,合上左侧的腰省,新剪的短省道就会张开。

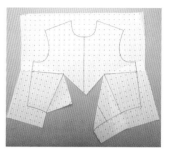

7 纸样的进一步制作就完成了。描出新的省道,使其较胸顶点后退4cm,所形成的就是新的纸样。把所得的纸样描到一张新的纸样描图纸上,此时即可加上缝份、剪口和布纹线了。

改省道为褶裥

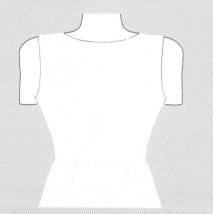

这种款式在胸下方设计有褶裥,而不是省道。首先,重复前述"不对称省道"的前6个步骤。

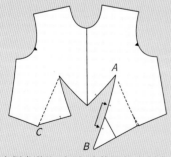

测量右侧省道从A点到B点的距离。包括省道在内,量得的尺寸会比A到C的距离更长;将剪口之间富余的空间聚集到一起,匹配到图中较短的边上。

• 将一条省道改为三条小省道的方法

1 重复前述"不对称省道"中的前5个步骤。

3 裁剪三条新省道。合并左侧腰省让三条省道张开相同的距离。在省道末端距离胸顶点4cm的位置做标记。完成后,折叠纸样片,确保省道彼此之间排列整齐。

2 在短的主省道两侧再画两条省道并将其剪下,一直剪到胸顶点,两条新省道和原省道的角度一致(左侧)。在纸样片上稍稍保留一小段,形成一个细小的连接。

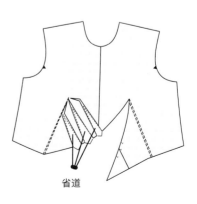

省道

将上衣省道变为缝线的方法

接下来要练习的内容是如何将省道变成缝线,把省道从传统的上衣位置移走,但同时仍保留胸褶裥。

• 制作公主缝线

这是一个把胸省改成缝线的标准纸样形状。衣服的前后缝线都始于肩中点,一直下延到腰线。

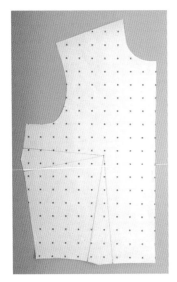

1 描出上衣前片原型纸样。

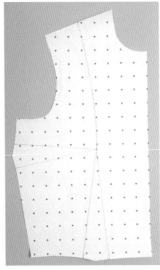

2 用量裙曲线尺在前衣片上标记设计线。从腰省处开始,穿过胸顶点,一直上延到肩中点,这就是公主线。

3 沿着腰省和侧缝省道裁剪。从胸顶点,沿着公主线在纸样上剪出5cm的切口。

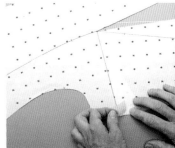

4 闭合侧缝省道,腰省则会张开。

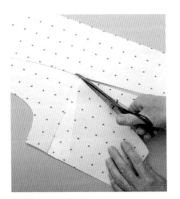

5 剪掉腰省的另一侧。

6 穿过胸顶点向上剪到肩膀处。

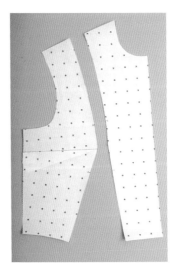

7 现在就可以转印上衣前片并添加缝份了。如果上衣后片也同样有公主线,那就用同样的方法制作。但后衣片上没有胸省,所以只需把腰省连接到肩省处,确保前后片的缝线在肩部吻合。标记剪口并注意后衣片要用双剪口表示。

• 制作无侧缝上衣

这件上衣没有侧缝。前身和后身的缝线从自然的侧缝处移走,创造了一个侧面嵌片。虽然与本书第86页所讲的纸样相似,但这里的缝线并不指向胸顶点。因此,衣服的鼓起处并不直接覆盖胸部最丰满处。在这个纸样上,留有一个非常小的省道来完成胸部褶裥。如果没有这条省道,那么就要小心收进多余的面料,直到获得合身的效果。

需要将上衣前后片原型纸样描到纸样描图纸上。把所有省道和前中线、后中线等文字信息也都写上去。这个阶段记得不要留缝份,以便于更精准地操作纸样。

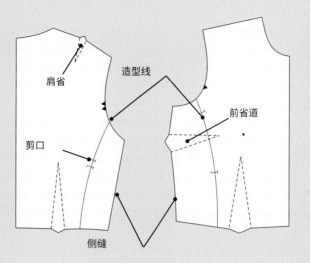

肩省　造型线　前省道　剪口　侧缝

1 在距离前、后衣片原本侧缝5cm处,画一条造型线。创建剪口:前衣片上是2个单独的剪口,省道两侧距离5cm处各一个,后衣片上是一个双剪口。

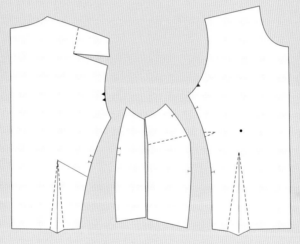

2 沿着造型线裁剪,合上前胸省,在侧缝处将剪下来的前后衣片接合,创造一个单独的侧面嵌片。合上肩省,袖窿处张开相应长度。

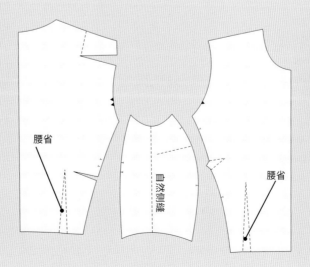

腰省　自然侧缝　腰省

3 将前后衣片的腰省关合一半的宽度,相应展开的宽度放置在嵌片边缝处。这会让后衣片主体结构稍微变长,得到更多的舒适度。前衣片主体结构中多出来的部分可以做成省道。

袖子和袖口造型设计

在袖子和袖口处添加细节来塑形，创造出不同的风格。

找到袖子原型纸样并描到纸样描图纸上，把所有省道信息、肘线、剪口等也都描上去。记住，有一个剪口的是前袖片，两个剪口的是后袖片，这些标记对应着上衣的相应位置。为了更精准地操作纸样片，这个阶段不要留缝份。

1 找到带有省道的袖子原型纸样。从肘省末端画一条直线，与布纹线呈直角。

2 沿着布纹线裁剪，从袖口边一直剪到肘省的末端。

• 移除袖子肘省的方法

本书使用的是带有一条肘省的袖子原型纸样。这条省道让胳膊有活动和弯曲的空间，但同时又保持袖子贴身的形状。可以移除肘省，但袖子就会不那么合身了。

两侧宽度相等

3 从袖下缝开始沿着省道裁剪，但在省道末端保留一处连接。旋转纸样片将省道合并，让袖口边打开，直到布纹线两侧的袖宽尺寸相等，此时袖子的腕处变得更宽了。

用褶裥增加袖山放松量

要在袖山处增加放松量，这会是一个很好的练习。缩短上衣肩宽1cm，但在袖山上增加1cm。这种调整有助于支撑袖子，防止袖子下滑。所调整的尺寸可以根据设计进行调整，但应该在操作前就先确定好，同时也需要确定要在哪里打褶裥。

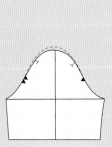
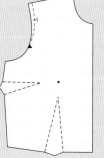

• 设计与制作半圆袖

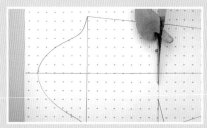

这里所讲的原理可以运用在任何长度的袖子中。

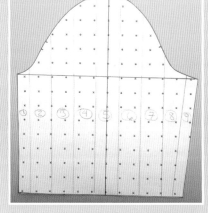

1 描出袖子原型纸样的轮廓，剪到所需长度。

2 把袖片（纵向）等分成9块，并按顺序进行编号。

特别说明

如果在设计上，前衣或后衣需要更多的放松量，可以对这个纸样做相应的调整。把剪好的切条外扩分散，一直扩到所需的宽度。

3 沿着每条分割线裁剪，但不要剪穿袖山边缘，保持袖山边缘的完整。

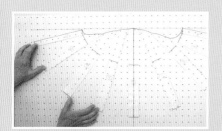

4 拿另一张纸，画一个大大的T字线。把剪好的袖片放在上面，将腋下的位置点对准T字线。把上层排列好的纸样片固定在纸上，尽量保证纸样片上每一根切条之间的距离相等。

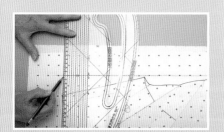

5 标记下摆边，先从T字线顶边开始，向最外侧切条成直角画线，依次连接，一直画到袖长处，连接出光滑的曲线，形成下摆边。

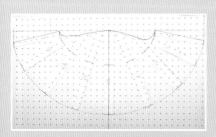

6 添加缝份和布纹线，形成新的纸样方案。

• 设计与制作蓬蓬袖

这种设计只在袖山处留有鼓起。为了把蓬蓬袖撑起来，需要把肩线缩短1cm（见88页的"用褶裥增加袖山放松量"的方法）。

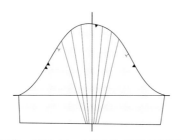

1 另拿一张纸，画一个T字线。确定打褶裥的位置。把这个区域分成6份，每部分之间添加的距离取决于需要隆起的程度，以及所用面料的特点。

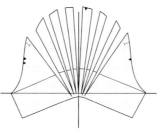

2 把袖片上的袖宽线和T字线中的垂直线居中对齐。裁剪、分开刚刚分割的6部分，从袖山一直剪到袖口边，不要剪穿，保留纸的连接。

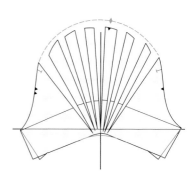

3 在袖山高度上添加2.5cm或更多的尺寸，画一条流畅的线，线的端点回到原袖片两端。把肩部剪口转印到新的袖山上。如图所示，袖口边会通过袖下缝进一步收紧。

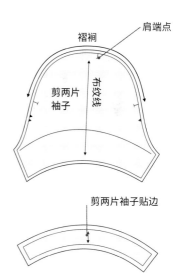

4 完成纸样后再添加缝份，并在袖山上需要打褶裥的地方标记剪口。为了完成袖子的弧形下摆，需要另做一个贴边。

• 设计与制作带钥匙孔式开口的窄口短蓬蓬袖

这个设计中运用了一个"钥匙孔"开口,这是一种制作开启式袖口的简单方法。从袖口末端开始,沿着手肘的方向,向上裁剪一条8cm的开口,然后在开口处缝一道滚条。

这种袖子在袖山上和袖口里都有褶裥。两端有相同数量的褶裥,但这并不是固定不变的,而是取决于具体设计。这种袖子上的短袖口(5cm)需要做一个额外的钥匙孔式开口,这样胳膊才能顺利地穿过。

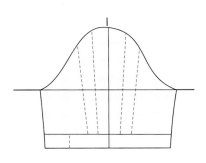

1 确定袖子的长度并画一条袖口搭衬。把主袖片的中心部分等分为4份。红线表示的是袖子上要打褶裥的位置。用剪口标记出肩端点和上衣袖笼褶裥起止的位置,这很重要。将划分的4个部分进行编号,并裁剪成彼此独立的4段。

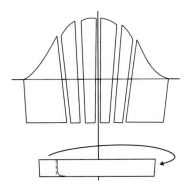

2 另拿一张纸样,画一条垂直线,再画一条横线形成一个T字线。把刚剪下来并编好号的4段袖片放在这张纸上,将其等距放置,让袖宽线和T字线上的水平线对齐。同样,在4段袖片之间添加的距离取决于所需的蓬松度,以及所用面料的特性。

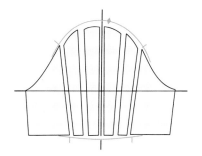

3 重新画出光滑平整的袖山和袖口。这个案例中涉及的操作就是不断地添加。如果不需要多余的量,稍后可以剪掉。

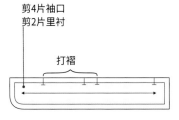

剪4片袖口
剪2片里衬

打褶

4 制作一个袖口端边缘,并延长4cm。这个尺寸是可变的,取决于所用纽扣的大小。

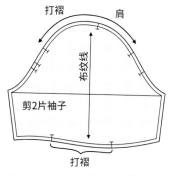

打褶　　肩
布纹线
剪2片袖子
打褶

5 完成带有成型袖口的蓬蓬袖纸样。

注释

如果是直边的袖口,就可以在袖口边缘的折边处直接裁剪,然后缝纫锁边,这样只需要一个纸样片就可以了。但如果是整形过的袖口,就要剪两片纸样,并且在缝合两片纸样之前先在一侧添加衬里。

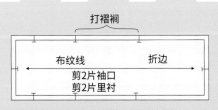

打褶裥
布纹线　　折边
剪2片袖口
剪2片里衬

没有整形的袖口可以直接在折边处裁剪。

• 设计与制作深袖口、带褶裥的喇叭袖

这种袖子有10cm深的袖口,袖口处带有纽扣和扣眼。袖口的深度意味着有足够的空间可以让手伸过去,而不需要做额外的开口。袖口内侧一圈都分布着褶裥,后侧有充足的放松量,让手肘可以在其中自由活动。做这种袖子的纸样时,需要去除原型纸样上的肘省。

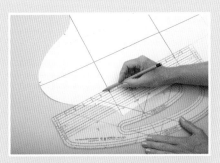

1 描出袖子原型纸样并去掉肘省,把袖子纵向等分成4份。

2 量出布纹线并标记10cm的袖口深度,并把袖口剪下来。

3 4等分裁剪好的袖片,一直剪到袖山边缘,保留连接。

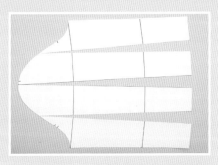

4 张开纸样片,让分割好的4片之间等距排列,达到理想的袖子蓬松度(用第94页讲的比例信息作为指引)。

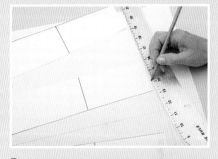

5 在下面垫张纸,然后重新描一张纸样,画出平滑的袖子下摆边缘线。在手肘那条线上增加1.3cm的袖长,并将其平滑地融入袖子下摆弧线中。

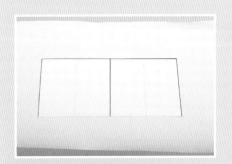

6 用袖片上剪下来的部分制作袖口。

7 把袖口的边缘延长约2cm,这个长度取决于所使用纽扣的大小。

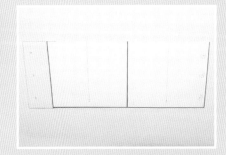

8 延长好袖口,即确定好纽扣和袖口的位置。

•设计与制作插肩袖

插肩袖是一种很实用的款式，可能会不断重复使用，因此，画好这种袖子的草图后，最好把它做成操作原型纸样，方便复制、保存。制作一个标准的插肩袖操作原型纸样，要用到这里提供的尺寸，这些尺寸将来可以用来改造不同的个性化设计。

2　将肩线前移，从前衣片肩线处取下1cm的宽度，添加到后衣片上。

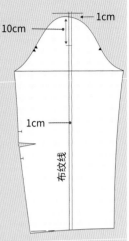

3　在袖筒上，把布纹线前移1cm，用单剪口表示。接下来在袖山下10cm处做一个标记。在袖山上1cm处做标记点并水平画线，与布纹线成直角。

4　将上衣前片、后片的肩部都剪下来并摆好，将肩端点对准袖山上方1cm的那条线。让外侧边缘融入袖片线条中，刚好越过剪口，与上衣片上的剪口位置几乎吻合。

5　将肩线融入新的袖片布纹线中，然后平滑连接肩端点和刚刚在袖山下10cm处做的标记点。重新画一条齐整的袖窿线。测量这些线并将其与原本的上衣袖窿比较。后身袖子通常比后身袖窿长一些，这就是放松量，放松量一定不能超过1cm。

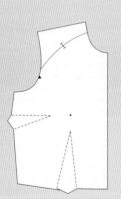

1　在上衣上，从前身颈肩点向前中线量出5cm的距离，从后身颈肩点向后中线量出9cm的距离。将这些标记点和袖窿连成线，刚好能越过剪口。裁剪并闭合后肩省，打开插肩的造型。

注意

这一阶段使用的是带肩省的连肩袖纸样。在这一阶段描一张带肩省的一片式插肩袖纸样。

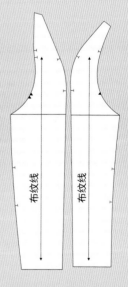

6　沿着新的布纹线分割前、后袖片，在袖宽线和所有剪口处做标记，确保肩部边缘线条光滑、流畅。

设计与制作半身裙

尝试制作这些不同造型和款式的裙子。

这些设计都需要用前、后两片裙摆原型纸样,并把它们描到纸样描图纸上,还要描上所有的省道信息。为了更精准地操作纸样,这一阶段先不添加缝份。

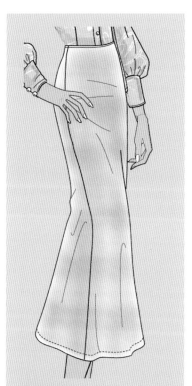

增加裙长

拉长A字裙时,裙子越长,裙子的下摆就越阔。如果想做出紧身的轮廓,就需要对裙子进行斜裁。

• A字裙

A字裙是一种简约又经典的款式。通过运用省道,A字裙能恰当贴合腰部和臀部曲线,裙边的喇叭形均匀分布,营造出匀称的钟形结构。

2 沿着这条线,从下摆开始,向省道末端裁剪,再从腰部向下裁剪。不要剪穿省道端点,保留一小段纸的连接。

4 前、后裙片的侧缝处也要添加,大小是喇叭形尺寸的一半,两处加起来就是侧缝处添加的总量。

1 从省道末端到裙子下摆边画一条线,后裙片也重复此步骤。

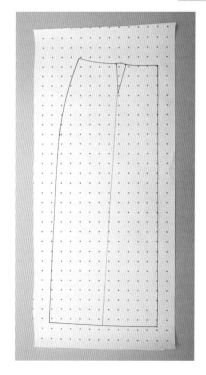

3 闭合省道,同时打开裙边以获得喇叭形裙体所需的尺寸,这时省道会闭合变小。在前裙片和后裙片都添加相同尺寸的喇叭形,这样裙子的形状才更均衡。

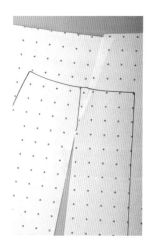

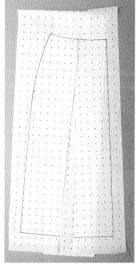

5 完成裙子纸样,此时记得添加缝份。

• 伞裙

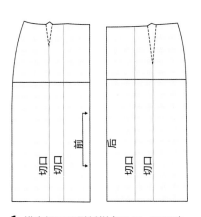

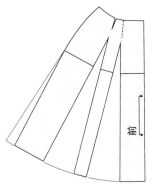

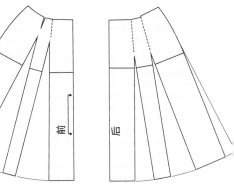

应用在A字裙上的原理和方法也同样适用于伞裙,但要在裙边添加更多的喇叭形,所添加喇叭形的尺寸取决于个人喜好。

1 描出裙子原型纸样(见112~125页)。平行于前中线和后中线画线,从腰线一直画到裙底边。再画一条与其平行的线,起止点分别为省道终点和裙底边。理想情况下画完这两条线后,裙子纸样应该能等分成3份,这取决于省道的位置。

2 沿着所画的线,从裙底边开始向上裁剪,闭合省道,打开裙底边的开口,开到所需的喇叭形尺寸,像之前那样在前后侧缝各增加(喇叭形尺寸)一半的宽度。后裙片重复这个步骤,重要的是在前后裙片增加相等的尺寸,这样才能保持裙子整体的平衡感。

增加蓬松度

纸样裁剪中一般都用这些方法增加蓬松度——喇叭形、省道、打褶,或者折褶裥,运用这些方法可以控制增加蓬松感的位置。这种被称为"切缝"和"展开法"的方法,适用于所有服装,此处以裙子为例进行图解说明。增加布料的尺寸取决于用哪种面料,以及想要什么形状的裙子。接下来所讲的比例仅供参考:重质牛仔布或羊毛可能会比较硬挺、笨重,所以比较适用于这个比例——2.5cm或更小尺寸的腰头对应3.5cm的面料;柔软的丝绸或细平纹面料则要用这个比例来制作额外的体积——每2.5cm或更大的腰头对应10cm的面料。

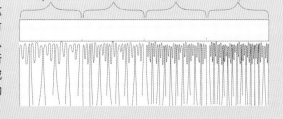

练习1:均匀分布蓬松度

为了增加腰部和下摆的蓬松度,在纸样上画平行的条块并编号,然后剪下来。在另一张纸上画一条直线,把裁剪下来的纸样条块沿着线排列,彼此之间等距。如果所用的纸样片上已经画好形状了,那就把这些条块编号,然后画一条线传过去,确保它们之间增加的距离是相等的。

练习2:增加纸样一边的蓬松度

在需要增加蓬松度的一边裁剪、展开纸样,另外一边保持不变。用这种方式增加裙摆放量,裙底边的体积会增加,但腰部体积不会增加。

练习3:添加不同尺寸的蓬松度

非常简单,只在需要的地方增加更多的蓬松度。

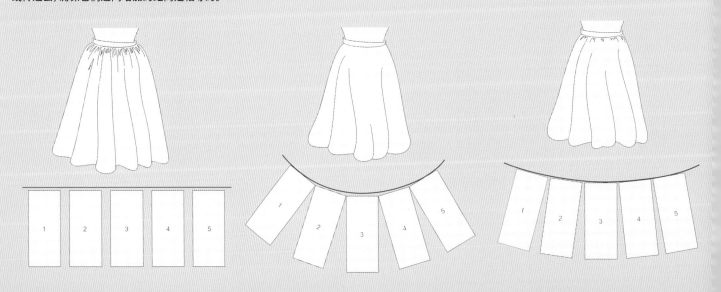

• 带育克伞裙

首先计算出育克(抵腰)的深度和裙底边的周长。这种伞裙有一个修型的育克。除了前中打褶的部分，裙子都平滑地贴合育克。在后中育克处有一个带有纽扣和扣眼的隐形拉链。

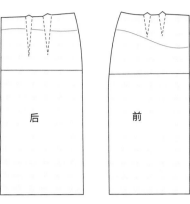

1 把裙子原型纸样描下来并画上设计线。前裙片的育克要比后裙片更深，并确保前后侧缝可以匹配。

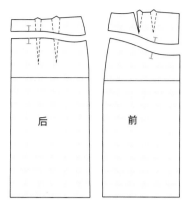

2 在前裙片、后裙片以及需要打褶裥的位置做好标记，然后把育克的部分从裙片上剪下来。

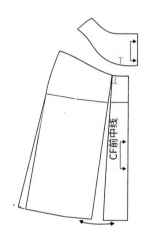

3 劈剪并关合前育克处的省道。劈剪并分开裙摆。裙底边的第一道切缝是5cm宽，再加上顶部切缝的5cm宽，这些将作为打褶的蓬松度。这个尺寸是可变的，大小取决于设计。

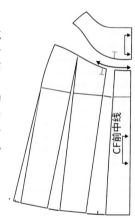

4 继续切缝和展开。记住前、后裙片侧缝边缘只各添加一半的尺寸（2.5cm），两片合并后就会在侧缝处形成5cm的增量。

提示

展开纸样时，如果省道没有完全闭合，而且剩下的尺寸不超过1cm，那么就从侧缝处切掉0.5cm，留下0.5cm作为放松量。

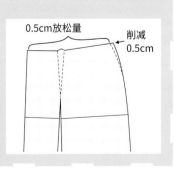

5 闭合后裙片育克上的省道。从裙底边到省道边缘、从裙底边到裙片上边缘进行切缝和展开。裙底边打开至5cm。

6 如果省道没有完全关合，就从裙子腰窝边稍微削减1cm，把线条和裙子(侧边)融合到一起。延长后中育克为纽扣和扣眼留出空间。

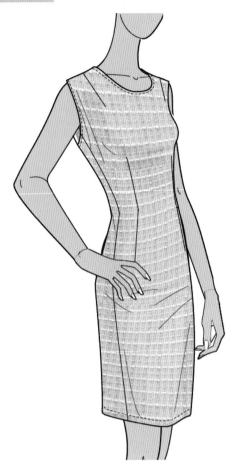

设计与制作连衣裙

可以把裙摆和上衣的原型纸样连到一起,做成连衣裙原型纸样。

通过连接上衣和裙摆的原型纸样,可以创造很多不同的衣服款式,从连衣裙到长及臀部的上衣、衬衫都可以。

这种连衣裙原型纸样就是上衣和裙摆原型纸样的组合,并且有多功能的潜力,可以做成很多其他纸样。因为这类连衣裙没有腰缝,所以要通过躯干褶和侧缝来做到合身度。

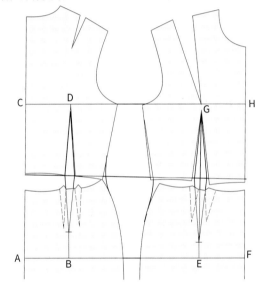

• 起草连衣裙原型纸样

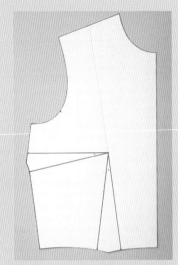

1 描出上衣前片原型纸样,从肩膀到胸顶点画一条新的肩省。

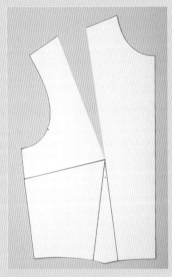

2 沿着肩线向下剪到胸点,从侧缝省剪到胸点,保留一处连接。

• 躯干原型纸样

躯干原型纸样是一个下延到臀线位置的上衣原型纸样。这是一个很实用的原型纸样,本身就很适合起草有明确腰线的衣服,例如本书第81页展示的衬衫。这种简单的原型纸样可以延伸出很多种纸样,包括夹克、长衫、外套等。

躯干原型纸样就是连衣裙原型纸样的缩小版,可以从腰线后中点开始,通过将前中线、后中线和侧缝向下延长70cm,形成连裙底边,从而形成一份连衣裙原型纸样。

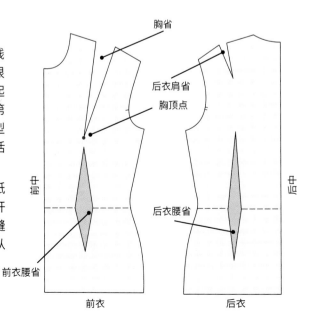

胸省

后衣肩省

胸顶点

前衣腰省

后衣腰省

前衣　　　后衣

3 关闭侧缝省,打开肩省。描绘这个原型纸样的轮廓,以备后续制作连衣裙原型纸样。

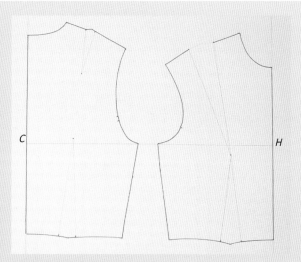

4 用这个新的上衣前、后片原型纸样,比照侧缝腋下点(图中的C和H点),在胸部位置水平画一条线。画这个纸样的时候,在纸样片的左侧画一条长线,把上衣的后中线排在这条线上。摆上衣前片之前,先留出10cm的距离。完成后,用长尺把前中线向下延伸。

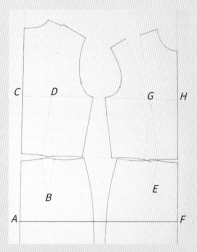

5 把裙子前、后片原型纸样的前中线、后中线布置在刚画的两条长线上,裙子侧腰点就会碰到上衣的腰线。裙摆的腰线造型中,前中和后中点不会碰在上衣片上。从上衣腰线后中横穿到前中,画一条新的腰线。从新腰线向下量出20cm的距离,创造一条新的臀线(图中的AF线)。

6 画平滑的曲线,把上衣后片侧缝调整平整。从袖窿开始,从上衣前片腰线处裁掉1cm,将上衣侧缝融入裙摆中。

7 从上衣肩省顶点,穿过胸线,连接上衣省道的顶点,再从它们的中心垂直向下画到臀线,以此创建新的省道。

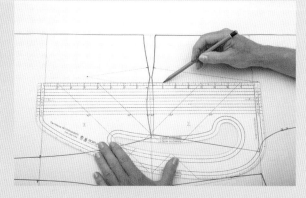

8 从臀线向上量出8cm的距离(图中B点位置),用这个点标记后片省道的终点。从臀线向上量出10cm的距离(图中E点的位置)标记为前片省道的终点。

下页继续 ▶

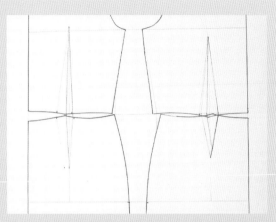

9 在腰线处创建省道,前衣片省道为4cm宽,中心线两侧各2cm;后衣片省道为2.5cm宽,中心线两侧各1.25cm。

10 描出这个纸样的外边缘,标记新的胸线、腰线、臀线位置,以及新的单腰省和新的肩省。完成后就是新的连衣裙原型纸样。此时还不需要添加缝份,先把新做的原型纸样描到硬卡纸上。

• 公主线连衣裙

公主线连衣裙就是把连衣裙原型纸样的省道转变成长缝线。使用这些缝线就会很容易地在下摆添加喇叭形。喇叭形可以从腰线、臀线或膝盖处添加,根据添加的位置不同,会产生截然不同的款式。

2 从腰省开始,穿过胸顶点向上直至肩中点,以此标记出设计线。

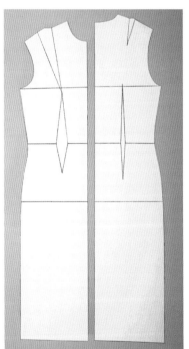

1 描出连衣裙原型纸样并剪下来。

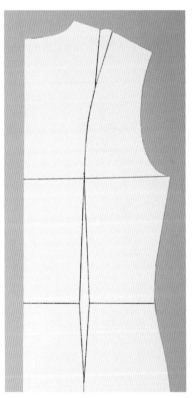

3 从腰省的底部向下画一条线,平行于前中线,一直画到裙底边。在后衣片上重复这一操作,这就是公主线。

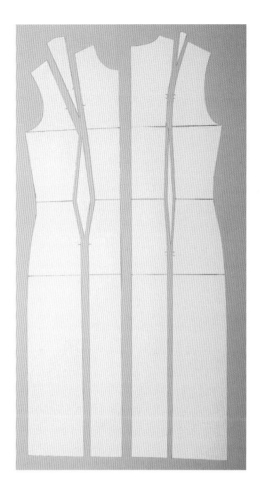

4 将前、后衣片裁剪成单独的几部分。把裁好的4个主要衣片贴在一张纸样上,将臀线、腰线对齐,每个裁好的衣片之间留大约10cm的距离。

6 在裁剪纸样之前,沿着造型线画剪口,作为前衣片、后衣片的区分,也标记出哪些衣片将被缝到一起。

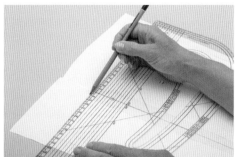

7 所有纸样片都剪下来后,匹配剪口并对齐裙底边线。

5 为了方便添加喇叭形结构,需要先确定要添加多少量、添加在哪个位置——腰、臀还是膝盖,然后在每个缝线处添加同样的尺寸。

8 完成全部纸样。此时记得添加缝份和布纹线(与腰线呈90°),以及其他纸样信息。

设计与制作衣领

可以在衣服上安装各种款式的衣领,以创造不同的服装款式。

在衣服上添加衣领时,既需要考虑衣领和上衣的衔接方式,还要考虑如何在衣领圈内部完成领子的安装。

• 绘制衣领纸样

起草衣领纸样的时候,需要先完成上衣纸样上关于领口的所有调整。要精准测量上衣的领口,首先要量出衣服的肩线。用卷尺的边缘测量从颈后中点到颈前中点的距离(见右图)。用这种方法能让卷尺围绕脖子自然弯曲的曲线测量,确保量得的尺寸更精准,也能提高领子的合身度。如果面料太厚,或者使用有弹性的面料,操作时可能就需要再调整衣领服装样板了。

判断一下以何种方式在衣服内部完成领子的安装。首先查看设计方案并画一张操作图。如果是一款端头位于前中点上的领子,那可能需要在领口内部贴来完成安装。如果衣领是从衣服边缘延伸出来的,为了完善领子外口,就要把所有的缝份都放在领子内侧。

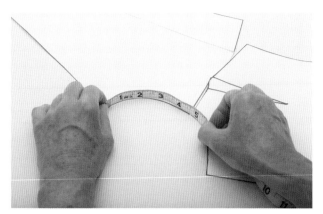

测量颈线
用卷尺侧边测量颈后中到颈前中的长度。

• 面领和领里

在制作衣领纸样时,一定要记住所有的衣领都分为面领和领里。完善领外口并除去多余的隆起,面领从颈边到领外口跨越的距离更远,而里领宽度则更窄。

缩短领里的长度取决于面料的厚度。从缩短3mm开始,试着让领子外翻。要做里领,需要在颈后中处缩短3mm的距离,接着越过肩部剪口3mm,然后小心揉进颈前中边缘。

衣领相关术语

领外口
领外口是衣领的外部边缘。它的形状有助于判断领子以何种方式呈现在衣服上。领外口越直,领子的位置就越贴近脖子。

领座
领座是指领子最靠近脖子的部分。

折领线
折领线是领座和衣领外表面(露在外面能看到的部分)之间的折叠处。

颈边
颈边是领子的一部分,是和服装领口连接的地方。它的造型很重要,影响着衣领完成后看起来的效果如何。

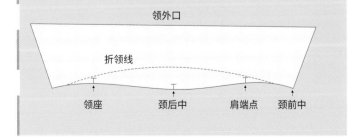

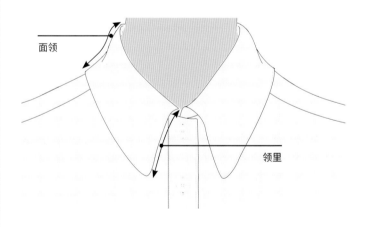

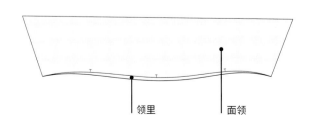

• 纽扣和扣眼

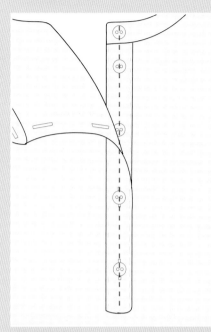

什么是扣位?

扣位是两片服装前衣片的延伸,是放置纽扣和扣眼的地方。扣位的宽度取决于纽扣的尺寸和扣眼的方向。垂直扣眼可能比水平扣眼所需的宽度更小。

扣眼需要开多大?

扣眼的大小不仅跟纽扣的尺寸有关,还取决于纽扣的厚度、衣服的面料以及纽扣上是否带有绕线小梗。一般来说,扣眼的尺寸是在纽扣直径基础上加3mm。在制作衣服上的任何扣眼之前,最好都先找一块相同的面料做一下测试。测试用的布料应该和正式衣服有同样的层数,例如两层布料加一层衬布。

纽扣定位:需要考虑的因素

- 尽量提前安排纽扣的位置,把其中一个纽扣安排在与和胸端点齐平的位置,这样可以避免胸部打开时出现裂口。

- 如果是翻领的衣服(带折边的翻领会露出背面),就要在断点处放一颗纽扣,这样才能让领子贴合在准确的位置。

- 在衬衫领子或领座上安装纽扣时,扣眼通常要水平放置。门襟上的扣眼则需要垂直放置。

- 与纽扣处于水平位置的扣眼不能安排在(扣位)正中间。因为把安好纽扣的衣服穿在身上时,纽扣通常会拉到扣眼的边缘。所以要想让纽扣的中心正好位于前中线上,扣眼就需要离开衣服边缘稍往后缝一点儿。

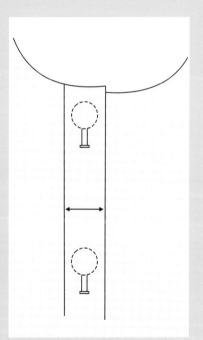

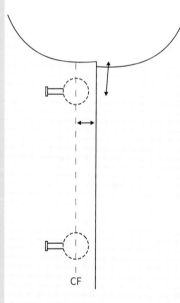

带开襟

当衣服前身开口有门襟或线迹线时,扣眼的方向必须是纵向垂直的。这样扣眼才不会打断门襟宽或缉面线。

无门襟开口

当衣服开口没有线迹或门襟时,扣眼的方向是水平的。扣眼一般设置在衣服边缘的位置,需要小心处理,以防系上纽扣时纽扣露出布料边缘。

• 基本款衬衫上的盘领

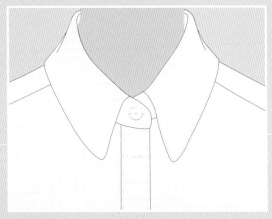

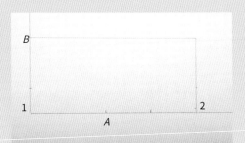

这种基本款衬衫领的草图是上盘领，也可以改成上下盘领。

1 按照完整颈围一半的尺寸画一个矩形，即图中的点1到点2。从后中线即图中点1位置量出上衣后颈长，确定颈肩点即点A。点B是领深加领座深之和，但这个长度具体取决于设计。

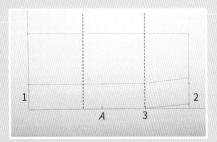

2 开始塑造领型。首先找到位置点3，将领长等分成3份（点3就位于三等份中最后一份的起始点处）。然后从前中线向上测量出0.5cm的长度得到点2，再往回连接到点3处。这一步可以做出颈前侧的领子造型。

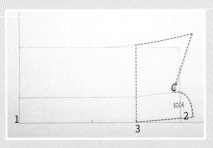

3 领子的下部是领座，尺寸是领宽的一半再减去1cm。参照后中线画一条线，再从点3到点2画线，并超过前中线一半扣位的长度。像图中红色部分展示的那样塑造领前侧下方1/3处的造型。从点C的位置向前中线折回3mm，画出领座的造型。

4 从点C向上、向外延伸，获得图中所示的领子形状。

5 用平纹细布剪出纸样的形状，此时先不留缝份，把后中线放在平纹细布的折线上（以获得完整的领型）查看衣领的形状并在模特上进行测试。最好在平纹细布上标记前中线和后中线，这样在试穿样服的时候就能精准评定领子的合身程度。裁剪和修正平纹领子并把所有的调整都记录在纸样上，此时添加缝份和剪口。

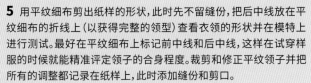

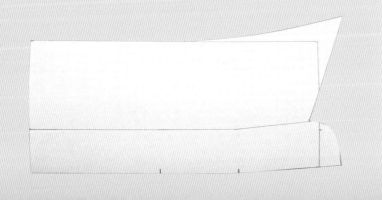

• 上下盘领

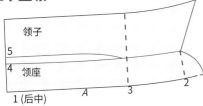

1 描出一块上盘领,包括领座宽线。沿着后中线把领座和领子分开,在领座线上方点4到点5的位置露出5mm的缝隙。从领子边缘的点5到点3红线的位置连接一条平滑的曲线。

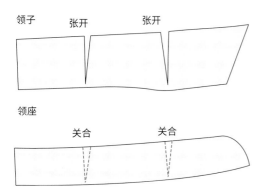

2 通过分别描拓纸样裁片,把衣领从领座上分离出来。通过把领座三等分来完成造型,向上裁剪等分线,在领子的外侧边缘关合5mm的长度。通过切缝和展开领子外侧边缘的方法来塑造领型,这次添加0.5cm。

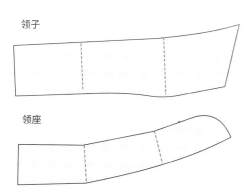

3 用平纹细布剪出所有的纸样片,只在领子和领座的连接处添加缝份,以便于把它们缝合到一起。接下来标记前中线和后中线,并且把领子放在模特上进行试穿。观察领子形状并做相应调整。完成后,把调整过的地方转印到一片新的纸样片上,添加缝份、剪口和布纹线。

• 中式立领

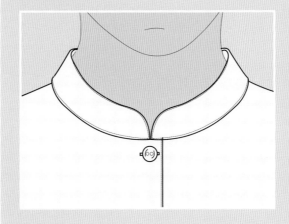

制作中式立领的原理与其他带领座的领子类似。中式立领的边缘与颈前中点重合,因为上衣前片会向前延伸超过这个点,所以需要考虑如何完成这些位置边缘。也就是说,可能需要做个贴边。

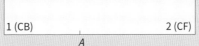

1 画一个矩形,长度是从前中线到后中线的距离(图中的点1到点2),即颈围的一半。从后中线处量出后颈长,得出肩颈点(点A)。矩形的高度是4cm,当然这个尺寸是可以根据设计进行调整的。

2 把前中的顶角剪圆。

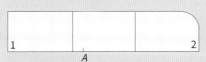

3 把领长三等分,从领边向颈口边缘裁剪,保留纸的连接。

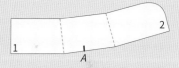

4 把领子上部边缘的每个剪口重叠0.5cm,塑造领子的形状。

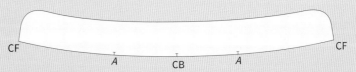

5 把领子纸样片描到一张对折的平纹细布上(得出一条完整的领子),然后在模特上试一下形状,此时不需要添加缝份。如果需要加大或减小造型,可以重复裁剪、叠合或均匀放宽领边。用平纹细布调整为合适的领型后,就将其描到一张新的纸样上,最后添加缝份和后中线、肩缝,以及前中线上的剪口,领子就完成了。

• 彼得·潘领(小圆领)

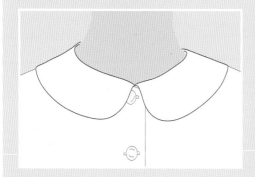

彼得·潘领完美说明了一个领型如何能够与脖子和身体相联系。通过切缝和重叠外边缘的方法，这种领子可以平铺在肩膀上，或者领子的起始处绕在脖子周围。基本原理是，领子越短，绕颈部分就越高；领子的弧度越大，绕颈部分就越平。

1 描出上衣后片原型纸样。

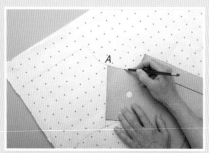

2 摆好前衣片原型纸样，将其与后片原型纸样的肩颈点A相匹配，转动前衣片的肩线与后衣片交叠5cm，画出颈边。

3 从颈边量出5cm的长度，形成领子的外边，在接近前中线的位置画一个平滑的圈。

4 为了测试领型，拿一块对折的平纹细布，把领子后中线对准布料的折线，先只剪出领子的外边，此时是不带缝份的，只沿着领子的外边缘裁剪。

5 只在颈边添加1cm的缝份，这是为了方便把领子固定在模特上。

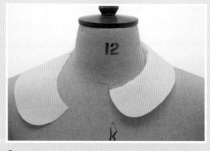

6 把领子固定在模特上，从后侧颈中线开始绕到前中。从底下把领子固定住，这样领子的环绕方式就像缝在衣服上时一样。

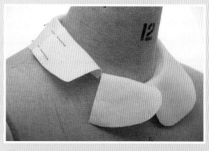

7 如果领子的端头离脖子太远，就说明它太长了。为了解决这个问题，可以剪开领边再拼上，通过这种叠合平纹细布的方式来调整领长。剪到缝份的位置并平行放置大头针，这样它们就不会影响领子的环绕形状了。

8 领子的左侧已经调整好，现在领子已经更加贴近身体了。然后把领子从模特上取下来，对纸样做相应的调整，添加缝份、布纹线和其他信息。

设计与制作贴边和腰头

贴边可以用于修饰服装的边缘。

贴边的构造简单,由原始纸样片所需边缘复制而来,宽度通常只有2~5cm。贴边可以用在很多地方,但尤其适用于袖窿、圆形或弧形边缘、无领领口(带领的领口有时也有贴边)这类有弧度的位置。贴边也可以是"长"在纸样上的一部分,之后折叠到相应位置。这种方法常见于衬衫的制作。

连接领口和袖窿贴边

有时领口和袖窿贴边可以连接起来。如果两个贴边都需要,那么这就会是一个光边加工,能减少面料的体积,还能简化制作工序。

1 描出前衣片。围绕袖窿向内量出5cm并标记成线。

2 从绕着袖窿画,到比着肩线画,再到绕着颈线画,继续量出5cm并标记成线,最后把画线融合到一起。

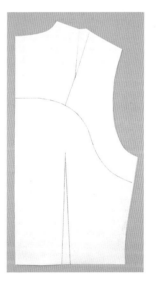

3 在后衣片上重复这个步骤。如果你的设计中有肩省,那么不要把肩省放到贴边里。通过切缝闭合的方法去掉肩省,把肩省放松量迁移到贴边边缘。

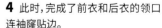

4 此时,完成了前衣和后衣的领口连袖窿贴边。

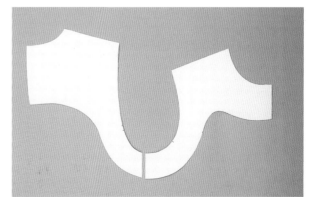

贴边需要考虑的因素:

- 单独的贴边纸样需要从原始纸样上描下来,并且为了构建一件服装,还要标记布纹线、剪口和缝份。贴边通常和内衬融合在一起,这有助于支撑纽扣、扣眼以及稳定服装,在缝纫贴边时要先排除弯曲边缘上所有的拉扯弹性。

- 做贴边时要保持外边缘的平整,不能有明显的角。贴边需要做成隐形的,从衣服的外侧看不到,因此,最好做成与身体相协调的柔和曲线。

- 为了减小体积,可以去掉贴边的缝线,只连接颈部和袖窿贴边。

- 提前考虑衣服完成后的效果。例如,可以延长后领贴边,这样把衣服挂起来的时候就不会看到布料内部了。甚至可以提前构思在贴边上做标签会是什么效果。

• 叠缝贴边

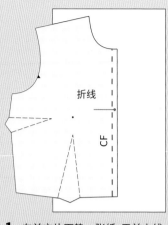

1 在前衣片下垫一张纸,于前中线外侧留出充足的宽度,描出上衣前片。在前中线边缘量出扣位宽度一半的尺寸并画线,这将成为贴边的折线。

叠缝贴边是一种简单、快速完成衣服前片的做法。需要把领子连接到颈口时就可以使用,因为这种方法能整齐地修饰颈口内部边缘。同时叠缝贴边也是一种创建延伸扣位的便捷方法。

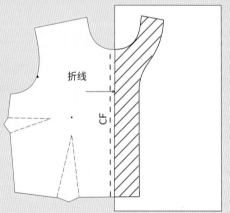

2 沿着新画的折叠线折纸,描出前衣片的镜像图案,这就是即将成为贴片的部分。在纸样片上画出红色斜线表明在哪里放置内衬。

3 在颈口处添加剪口来标明衣领的前中线,同时为布置贴边和内衬标明折叠线的位置。

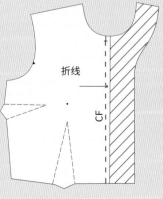

• 裙摆贴边

裙摆贴边是一种完成裙子腰线的简单方法,也可以用腰头代替。

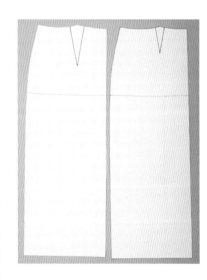

1 从如图所示的裙子前、后片纸样开始。

2 描出裙子的上半部分的前、后片。通过省道向下裁剪,一直剪到纸样片边缘。闭合省道,将鼓起的部分转移到省道下方散开。向下量出5cm,这将是完成后的裙子贴边的宽度。

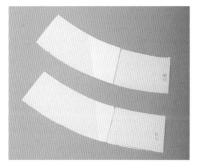

3 完成裙子贴边。

• 裤子和裙子的直式腰头

制作直式腰头最快速的方法就是从折边上裁剪。一条腰头可以有前中、后中或侧开口。传统的侧开口是开在左边的。这里展示的腰头是前中线开口的一片式纸样。

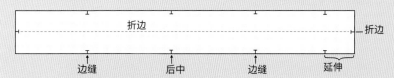

1 腰头的长度是衣服腰围尺寸再加上一段延伸尺寸,延伸尺寸就是放纽扣、扣眼,或者钩扣、扣栓所需的长度。

2 这里需要添加缝份和1.3cm的放松量,如果所用面料较厚或较重就要添加更大尺寸的放松量。

• V形领贴边

绕着上衣前片和后片的领口画线,然后在衣服前片领口和袖窿贴边画出5cm的宽度。衣服后片领口贴边应该做得更长一些,这样衣服悬挂在衣架上时就看不到面料的反面了,这样做显然更专业。

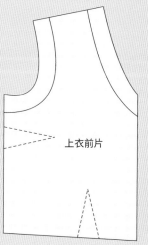
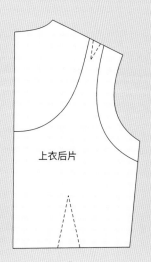

设计与制作口袋款式

口袋有很多种款式,放在服装上可以得到很多不同的视觉效果或实用功能。

假设你想在衣服上添加口袋,它可能是装饰性的,也可能是功能性的。这里将详细讲解一些简单易做的口袋案例。

• 贴袋

贴袋是最简单易做的一种口袋,这种口袋是事先做好的,顶部带有折边并且所有边缘都是翻转的。用的时候只需要缝在衣服外面就可以了。关于怎样缝合贴袋可以查看本书138页的讲解。

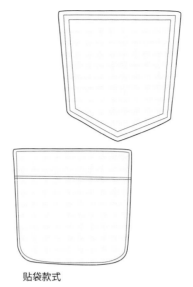

贴袋款式

• 裙子侧袋

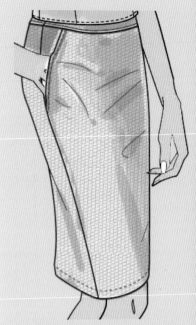

这种经典的口袋适用于裤子或裙子。通过调整口袋开口的角度,可以让这种设计精巧的口袋平贴在身体上,让腰部显得更细。

• 侧缝插袋

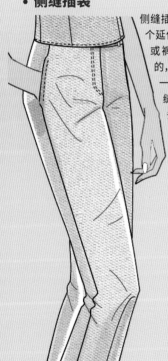

侧缝插袋只是衣服侧缝的一个延伸。袋布后片是从裙子或裤子后片"生长"出来的,袋布前片则是单独的一片。裙子或裤子前片侧缝处延伸出一小段边条,为了减小体积,袋布(前片)裁自衬里。侧缝插袋就是这样做出来的,所以内衬不会露出来。

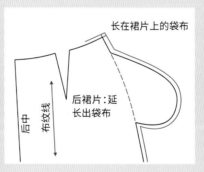

长在裙片上的袋布

后中　布纹线

后裙片:延长出袋布

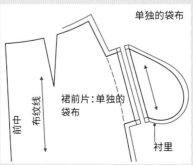

单独的袋布

前中　布纹线

裙前片:单独的袋布

衬里

1 描出裙子前片原型纸样。

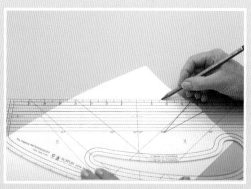

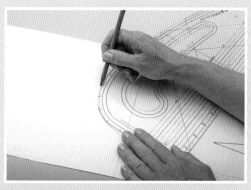

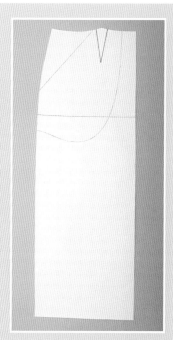

2 从侧缝向下量出17cm,沿着腰线量出10cm,将两点连成一条线,这将成为侧袋的开口。

3 画出袋布的形状,用自己的手测量尺寸,用制版专用尺或量裙曲尺画出形状。

4 完成口袋模板。

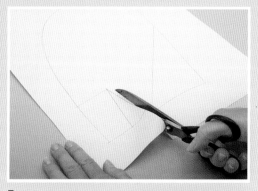

5 描出口袋模板,剪下裙子的省道并将其关合。

6 把闭合省道形成的鼓起转移到口袋的外边缘上,在下面加一张纸。

7 重新画一条平滑的口袋边缘线,描出两片袋布。其中一片从衬里上裁下,另一片可以用裙子面料裁剪,或者用衬里的面料裁剪,但需要带一条贴片。

8 完成侧袋纸样片。

依据自己的尺寸找到合适的原型纸样

接下来几页内容中所用的原型纸样都是纸样公司使用的标准尺寸，然而你的体型可能与之不同，因此可能就需要做进一步的调整。如果你的尺寸和本书中使用的原型纸样尺寸不同，那么就主要参照臀围和胸围的尺寸，选择这两个尺寸和自己最接近的原型纸样，或者如果可以选择，就选大一号尺码的原型纸样然后将其改小，改小纸样比改大纸样要容易得多。如果你在本书中没找到合适的尺寸也没关系，可以去找找适合更大尺码的特殊纸样，大多数纸样公司都有售。

Chapter 5

原型纸样

本章将涉及基本的裙子、上衣、袖子的原型纸样，尺码为美国码6~18号（英国码8~20号）。可以用书中提供的网格放大原型纸样，从而制作出适合自己的原型纸样，也可以运用这些原型纸样拆分组合，创作自己的设计，最终做出自己的服装。

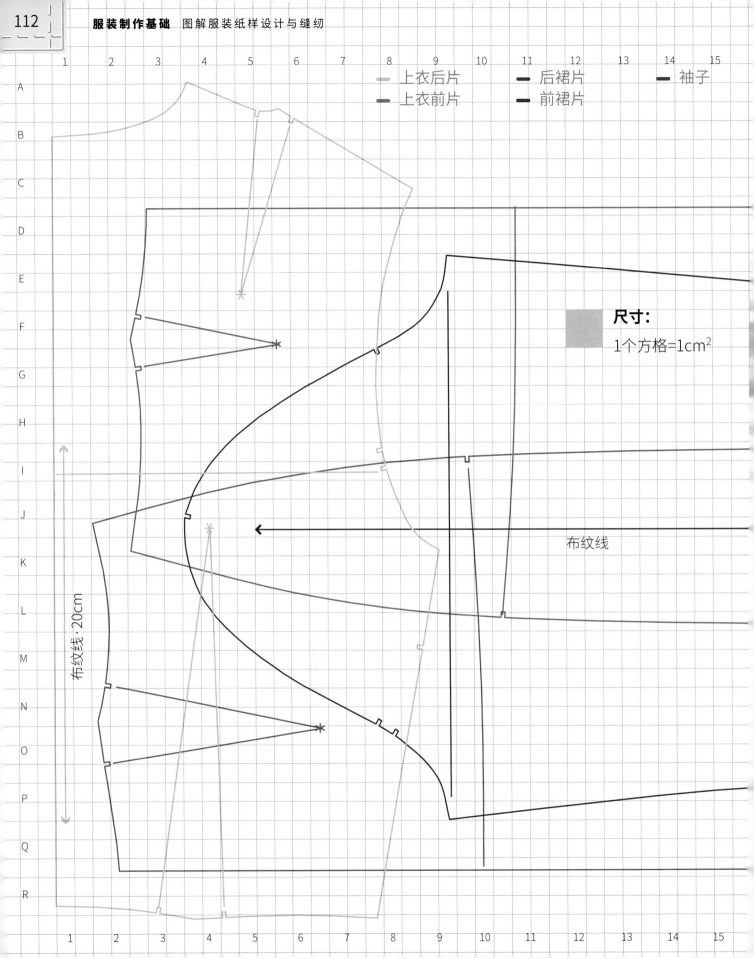

上衣后片
后裙片
袖子
上衣前片
前裙片

尺寸:

1个方格=1cm²

布纹线

布纹线·20cm

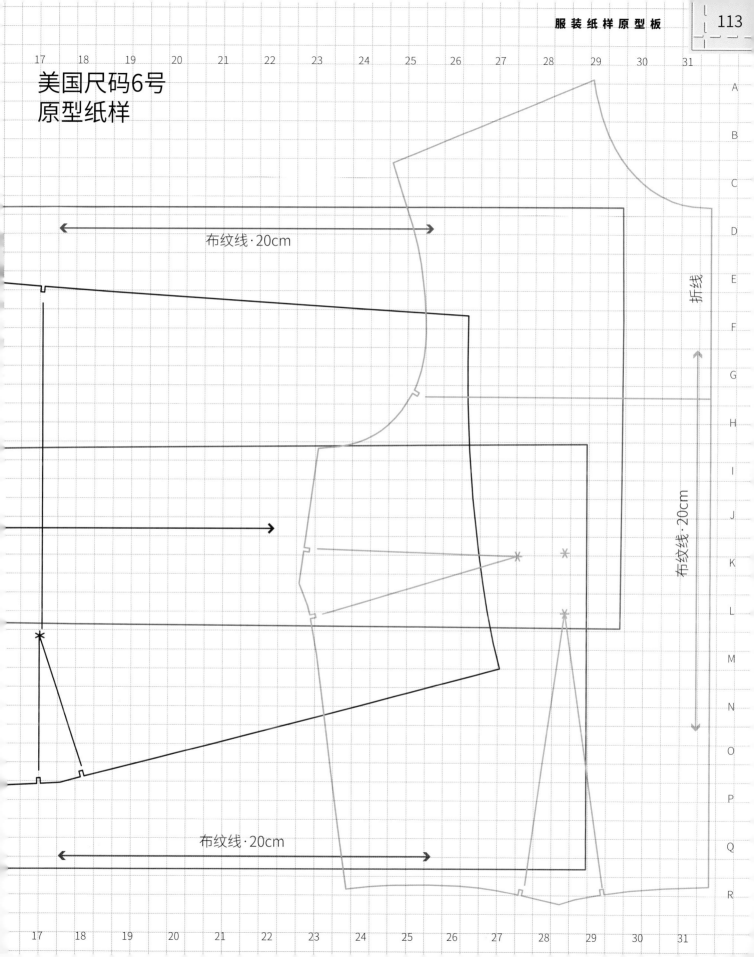

美国尺码6号
原型纸样

布纹线·20cm

折线

布纹线·20cm

布纹线·20cm

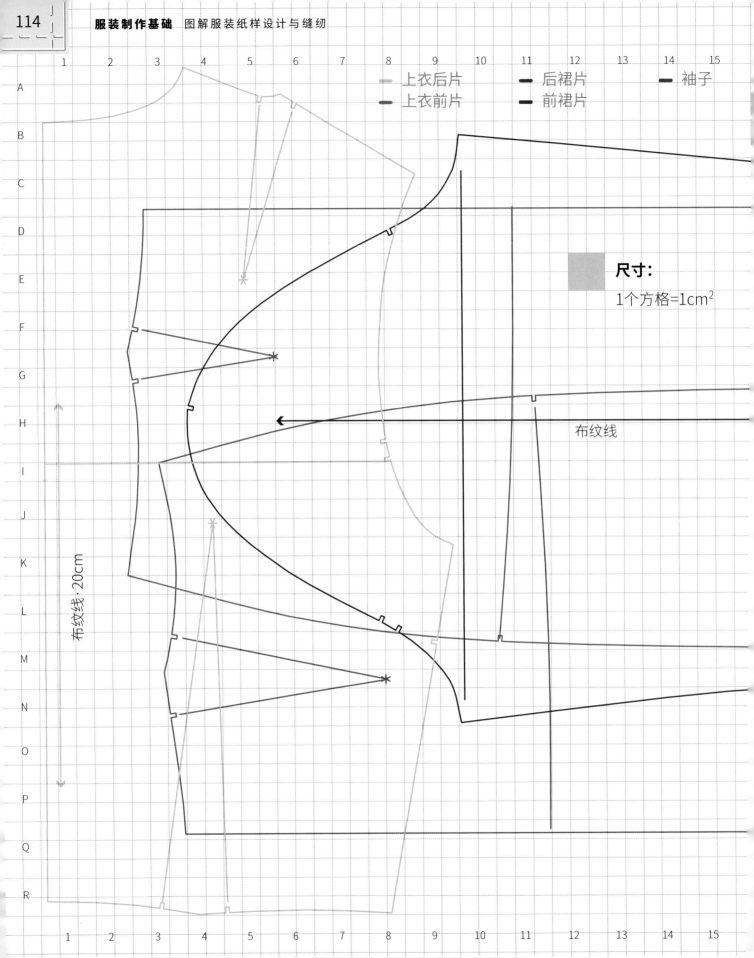

上衣后片　　　后裙片　　　袖子
上衣前片　　　前裙片

尺寸：

1个方格=1cm^2

布纹线

布纹线·20cm

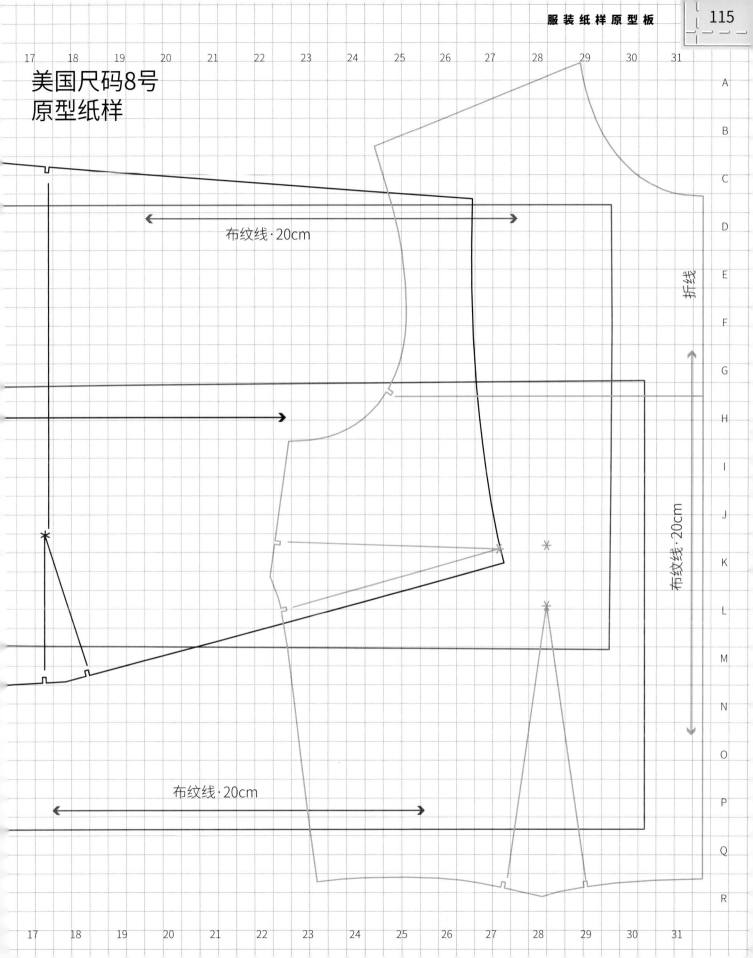

美国尺码8号
原型纸样

布纹线·20cm

折线

布纹线·20cm

布纹线·20cm

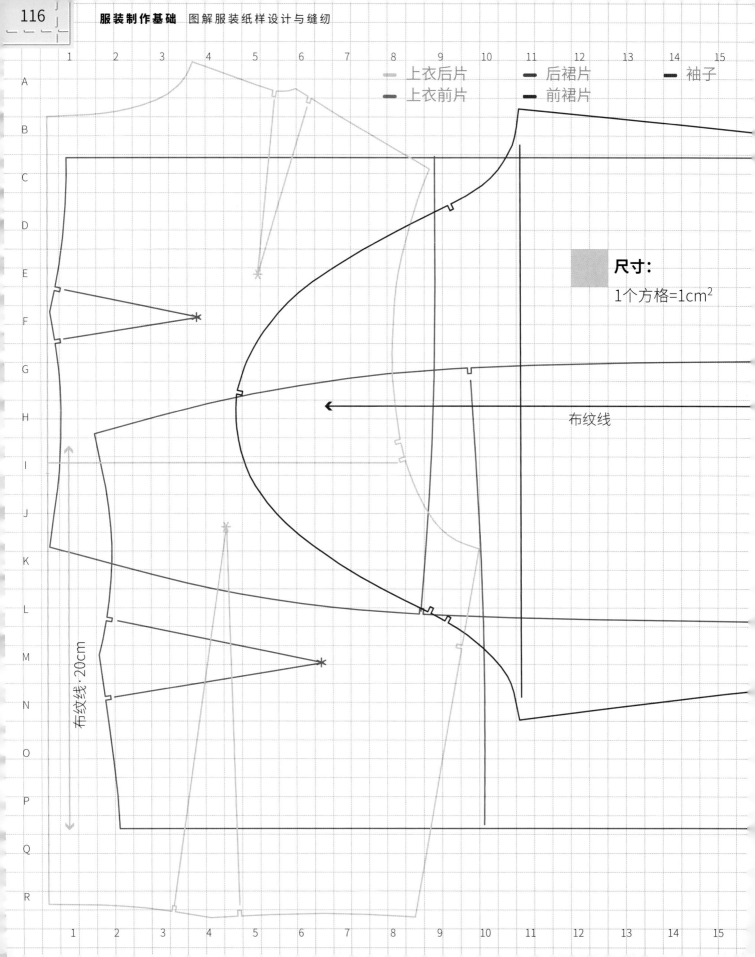

上衣后片　　后裙片　　袖子
上衣前片　　前裙片

尺寸：
1个方格=1cm²

布纹线

布纹线·20cm

美国尺码10号
原型纸样

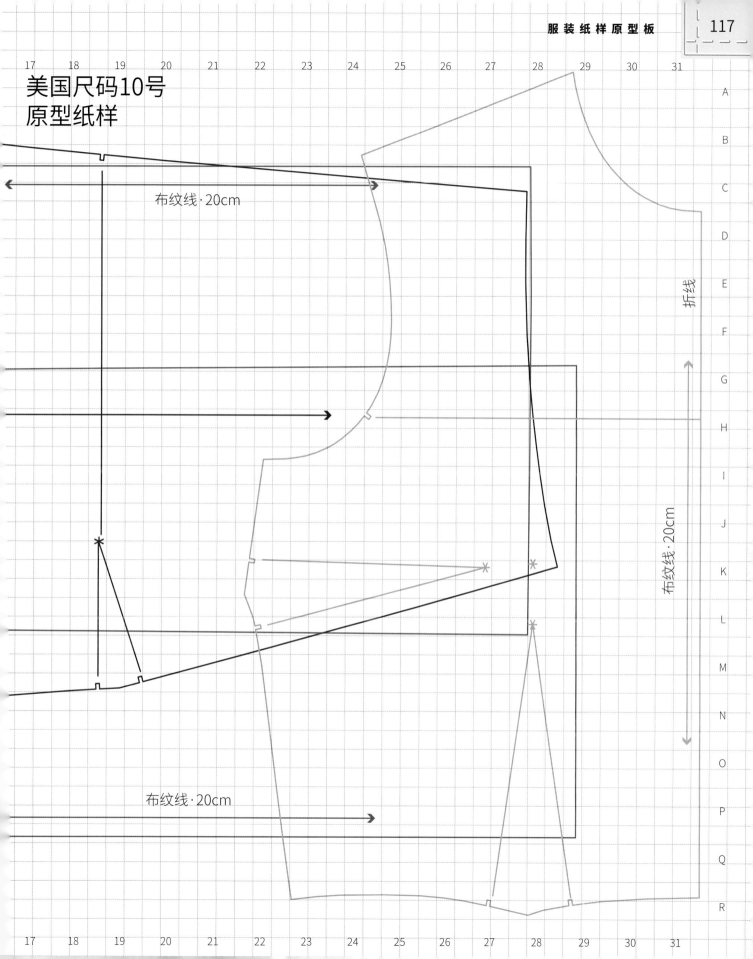

布纹线·20cm

布纹线·20cm

布纹线·20cm

折线

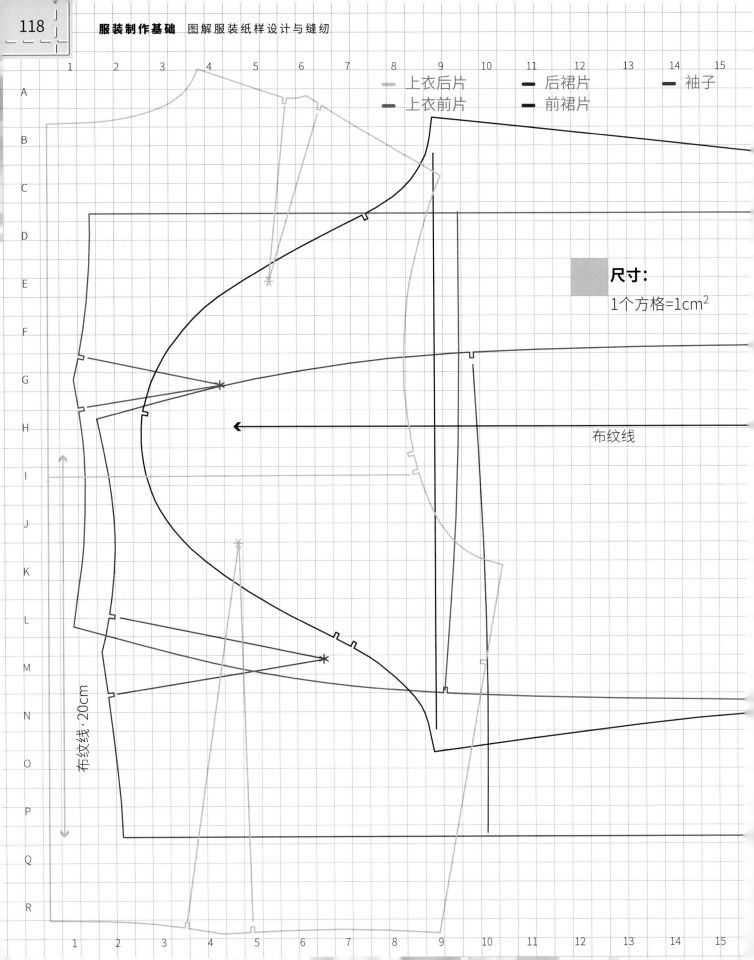

上衣后片　　后裙片　　袖子
上衣前片　　前裙片

尺寸:

1个方格=1cm²

布纹线

布纹线·20cm

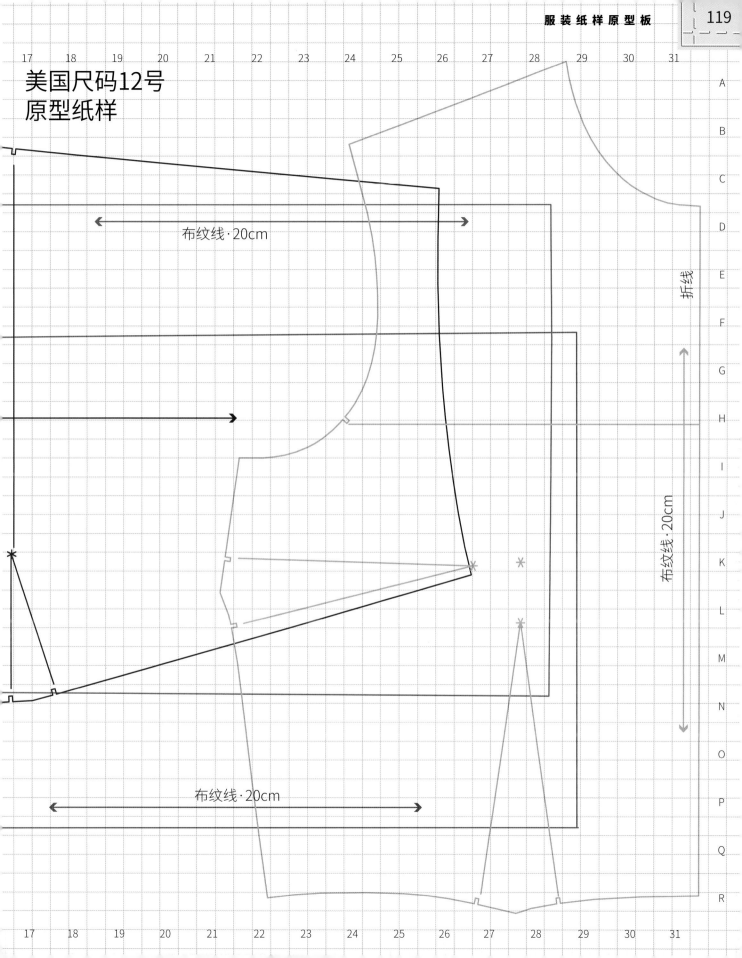

美国尺码12号
原型纸样

布纹线·20cm

布纹线·20cm

布纹线·20cm

折线

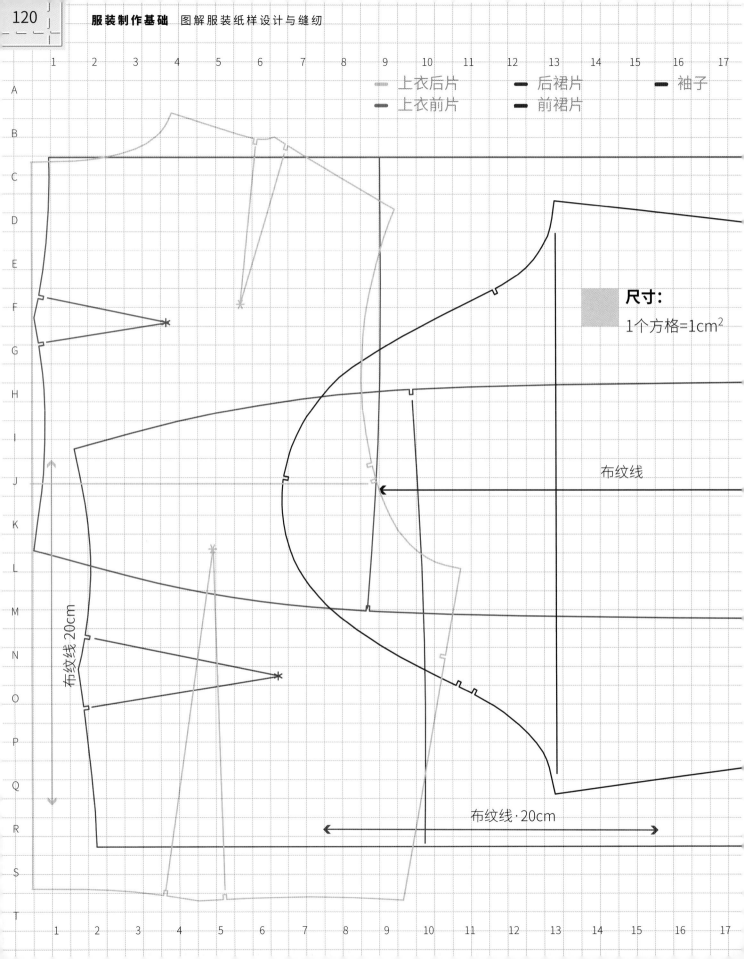

上衣后片　　后裙片　　袖子
上衣前片　　前裙片

尺寸:
1个方格=1cm²

布纹线

布纹线·20cm

布纹线 20cm

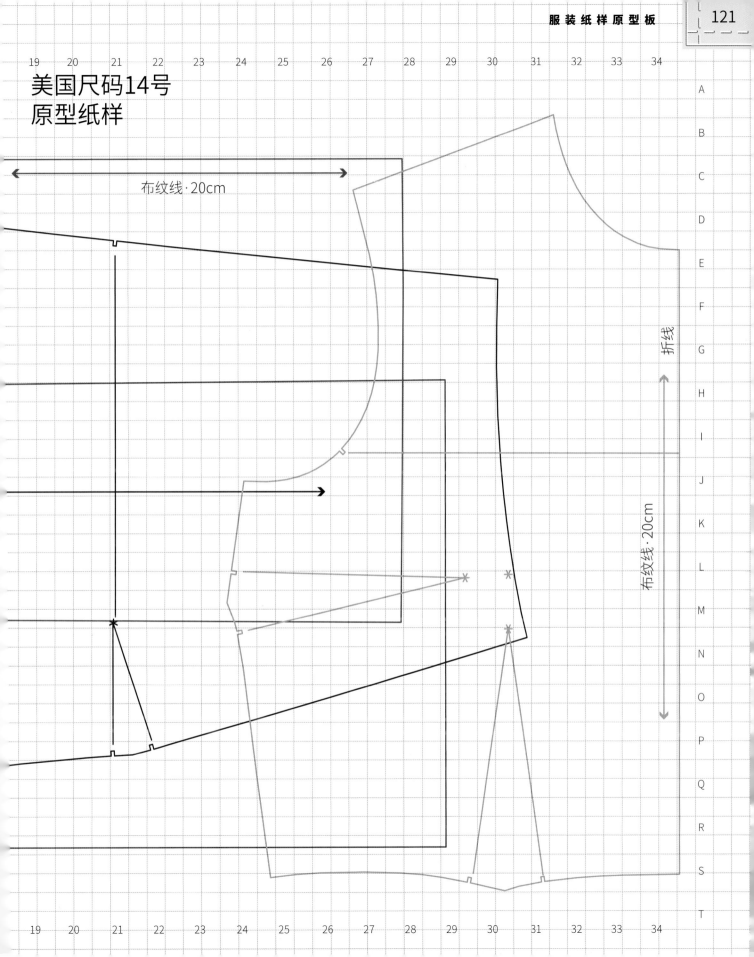

美国尺码14号
原型纸样

布纹线·20cm

折线

布纹线·20cm

服装制作基础 图解服装纸样设计与缝纫

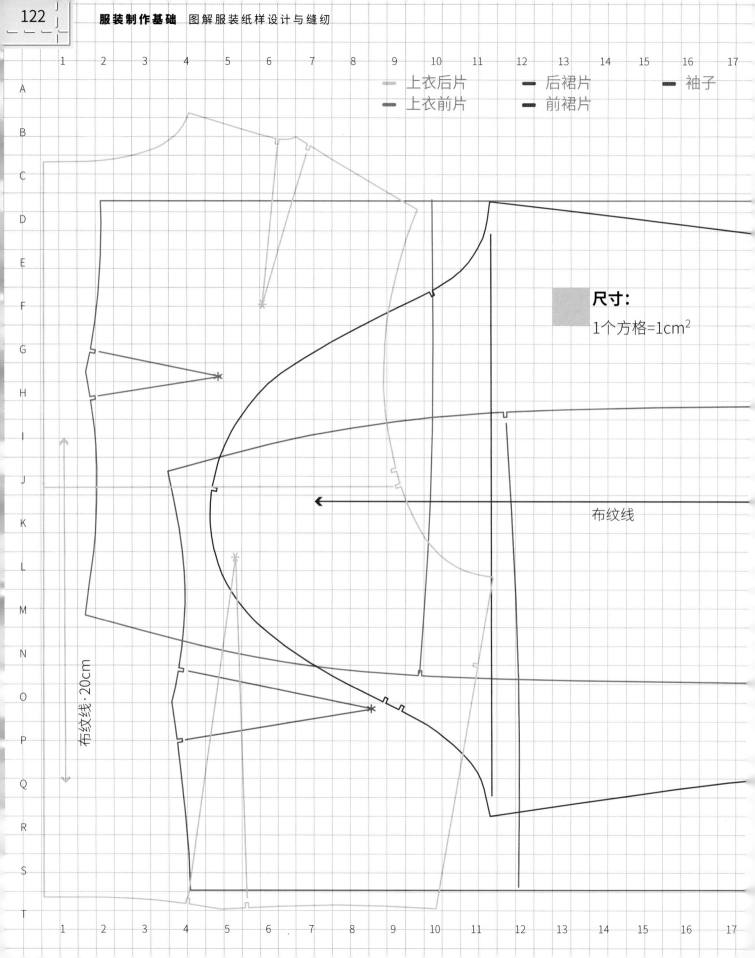

上衣后片　　后裙片　　袖子

上衣前片　　前裙片

尺寸：

1个方格=1cm²

布纹线

布纹线·20cm

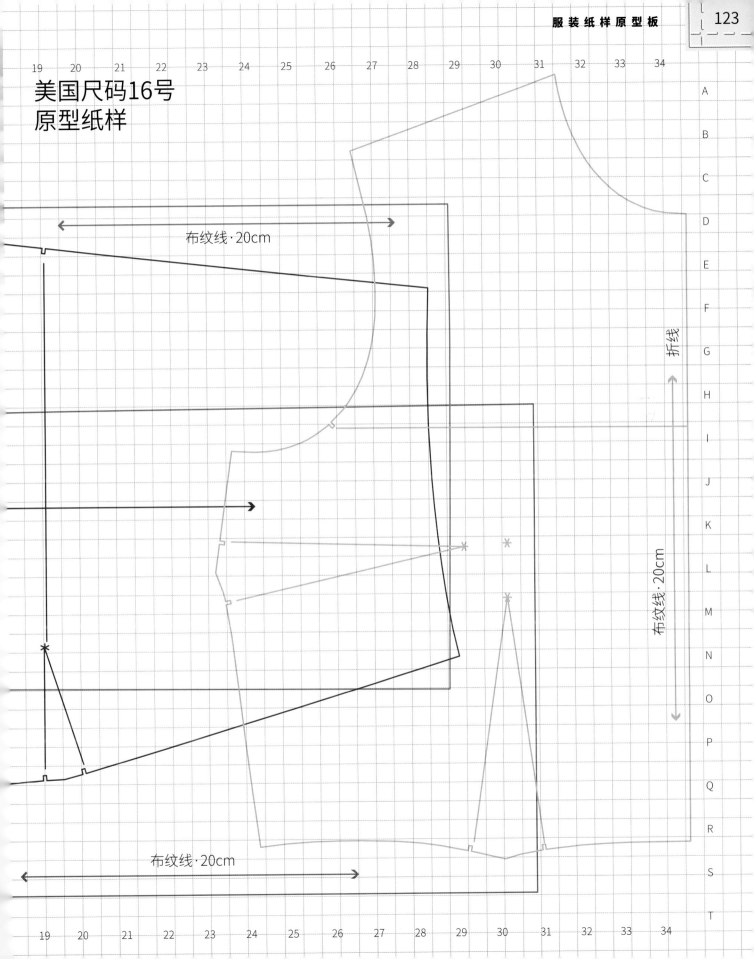

美国尺码16号
原型纸样

布纹线·20cm

折线

布纹线·20cm

布纹线·20cm

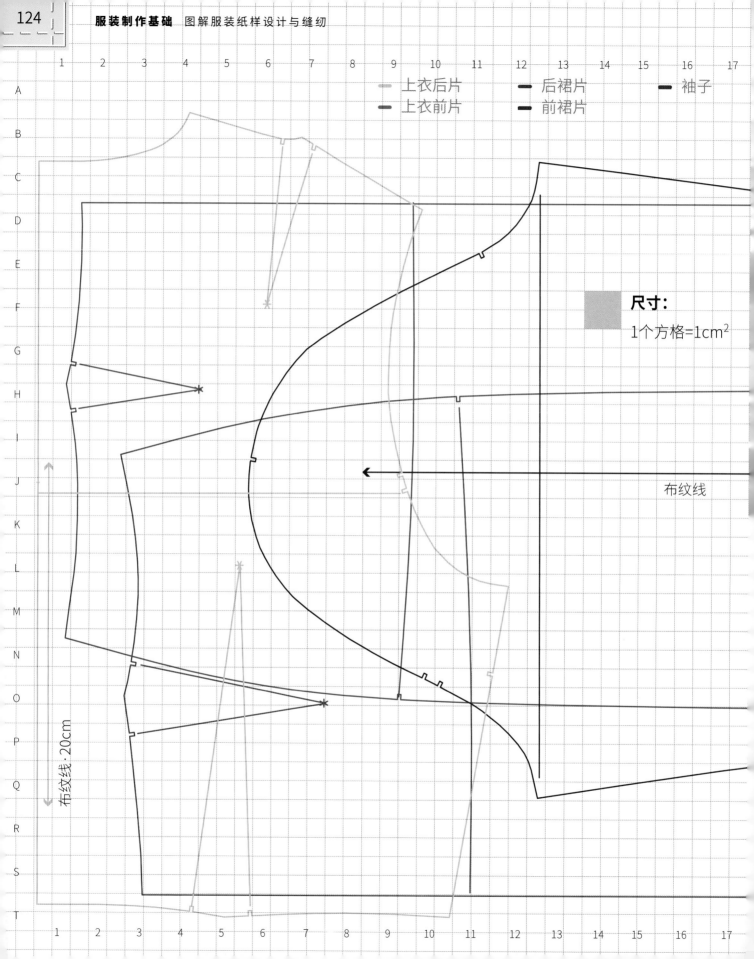

上衣后片　　后裙片　　袖子

上衣前片　　前裙片

尺寸：

1个方格=1cm²

布纹线

布纹线:20cm

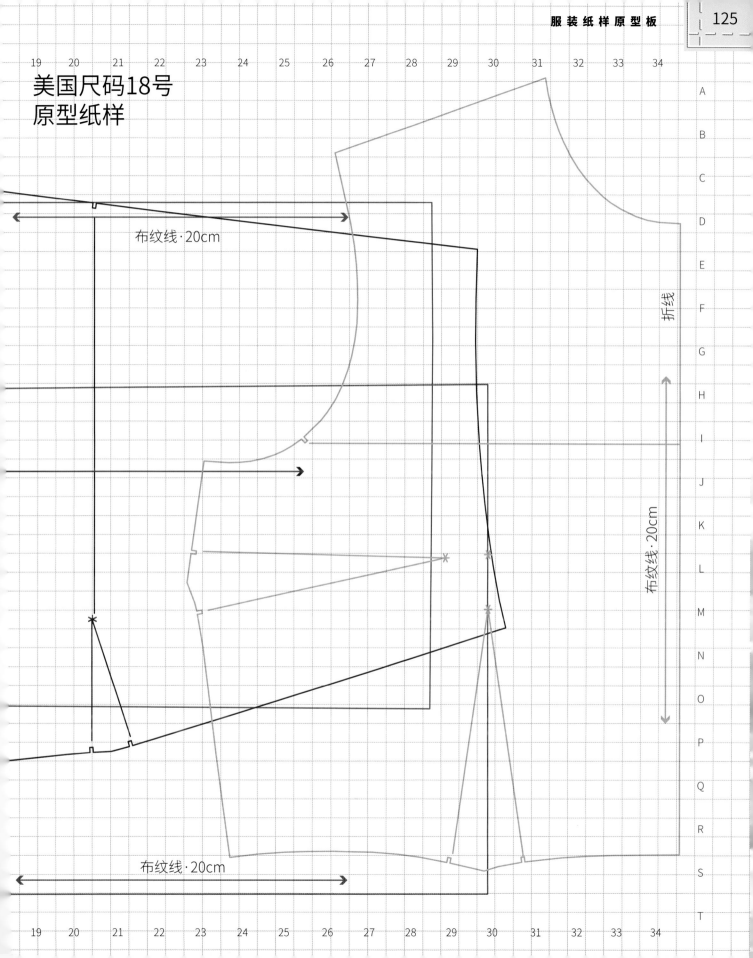

美国尺码18号
原型纸样

布纹线·20cm

布纹线·20cm

布纹线·20cm

折线

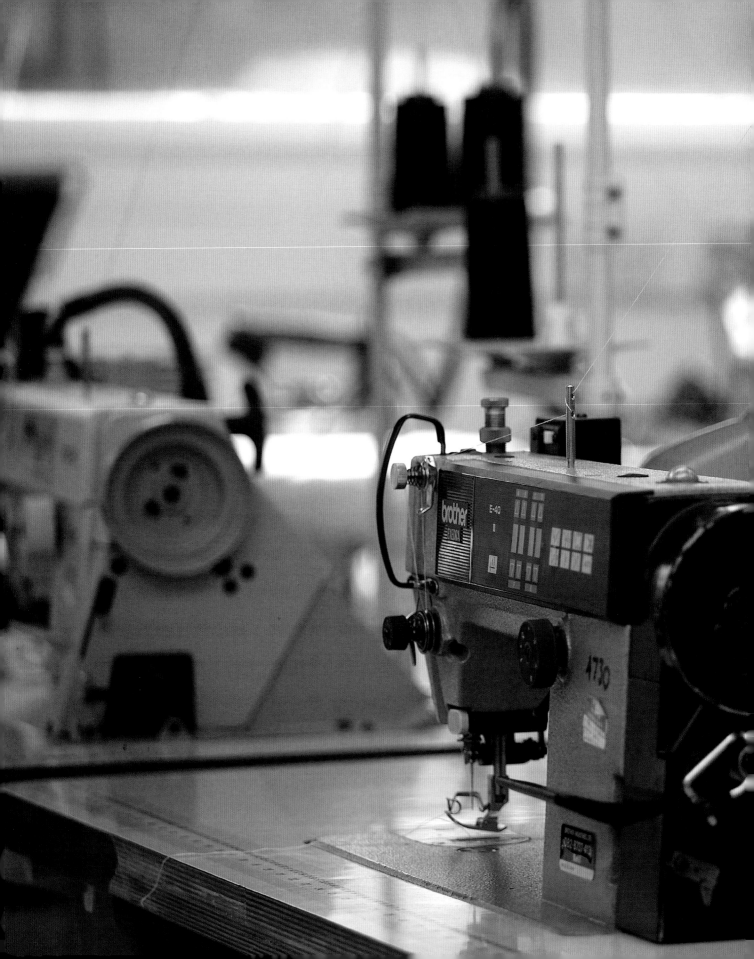

Chapter 6

核心缝纫技术

本章内容是对核心缝纫技术清晰、详细的讲解，在用基础原型纸样制作自己服装的过程中，所用到的所有缝纫知识都会讲到——从制作不同类型的下摆边，到添加口袋、领子等这类细节都将包括在内。

为了实操本书中讲解的技术,就需要掌握核心的缝纫和制衣技术。接下来的几页将会学习所需要的所有技术。

• 法式缝

法式缝带有毛边,不需要额外的修整。法式缝从前面看就像平缝一样平整,但从背面看就像打了褶一样。

 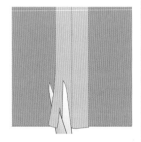

1 把布料的背面相对,贴到一起,边缘对齐。在距离边缘5mm的地方,用直线针法缝纫。

2 把缝边压平,修剪毛边,剪到大约一半宽的位置。

3 反向折叠缝边,这样布料的正面就贴到一起了,并且缝边也被挤出了边缘。

4 从距离边缘5mm的位置用最后一排针脚完成缝边。这会把所有的毛边都包在里面。

• 平缝

平缝是把两片布料连在一起最简单的方法,适用于直线缝、曲线缝,也适用于所有的材料。

  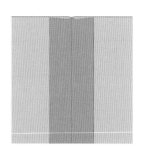

1 把两片布料正面贴合,边缘对齐,用大头针固定住缝纫线。

2 用直线缝的方法沿着缝纫线进行缝合,在缝纫过程中去掉大头针。

3 把缝边压开,或者压向一侧,然后用缝份边缘处理法进行最后的处理。

• 锯齿缝处理法

这是一种机缝锁边的方式,用曲折线迹或程式化的锁边缝来处理毛边。

1 先平缝,这样通常会做出1.5cm的缝份。

2 用曲折线迹缝纫,如果用嵌入式锁边机缝纫,就要用锁边压脚。

3 把锁边压脚的"头"准确地放在缝份边缘,沿着边缘缝纫。

• 锁边

锁边是一种处理毛边的好方法,因为针脚能形成一道新修整的边缘,从而完成一道整齐的收尾,这时需要一台特制缝纫机。

1 把布料正面相贴缝合,在距离边缘1.5cm的位置缝一条线。

2 在包边缝纫机上穿三根线,处理缝合处的每个毛边。

3 轻轻熨压面料正面。

• 平式接缝

平式接缝常用于牛仔裤和双面服装，能做出牢固、整齐的连接，所有毛边都能藏起来，收在两道缝合线里面。

1 把布料的反面贴在一起，在距离边缘1.5cm的地方缝一道直线。

2 把毛边（两道）压向一侧，并将下面的一层修剪成3mm的宽度。

3 把上面的一层缝份折叠下去，包住下面那层修剪过的缝份。用大头针把每层布料固定到一起。

4 在折叠处进行缝边，缝透每层布料。

• 曲折滚边

曲折滚边能做出整齐、牢固的边缘。特点是把贴边斜折，让贴边能包住不齐整的边缘并且不起皱。可以在接缝和摆边处使用这个方法，作为装饰性的收尾。

1 拿一条已经做好的双折曲折滚边贴边，对折后在布料的毛边上，将其包住。

2 把折好的贴边包贴在每个毛边上，用大头针固定，也可以粗缝。

3 在靠近滚边边缘的位置，用直线缝的方法把每层布料都缝到一起。

4 检查背面，确定滚边贴条已经完全缝在了边缘上。

• 间条缝褶

间条缝褶是在布料上进行间隔均匀的折叠缝纫，从而为衣服增加纹理质感和趣味性。一组一组地缝纫，可以把每个褶裥都缝上，也可以只缝纫一侧，让另一侧自由松散。这种手法可以在上衣或约克上垂直使用，或者在裙子底部水平绕圈使用。

 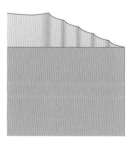 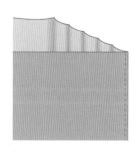 

1 在面料表面标记打褶的位置和大小。

2 沿着线折叠布料，让布料背面贴着背面叠合并熨平。

3 用直线缝，每个折边相互平行着缝纫，最终形成一排褶裥。

4 所有褶裥都完成后，沿着同一个方向熨压。

• 暗裥

暗裥可以缝透,也可以
从缝线或腰头上自然
下垂,既适用于柔软面
料,也适用于压平的面
料。一个暗裥由两个面
对着的折边构成。

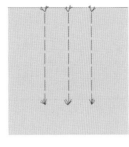

1 用裁缝大头针或粉笔标
记褶裥的位置和尺寸(标记
在面料背面)。

2 沿着中间那条线折叠褶
裥,让面料正面贴合。沿着
标记的线,机缝一道直线。

3 按压缝纫线,这样中间
的那根折线恰好处于缝线
的正下方,在缝份里粗缝。

4 熨烫暗裥,记得在上面
垫一块布,以保护布料表
面,然后继续做下一个。

• 松紧带抽带管

让边缘变得有弹性的
传统做法就是做一个
抽带管,然后在里面穿
一条松紧带。这样就能
很容易地调整衣服的
松紧了,所以这种做法
很适合用在袖口和腰
部等。

1 缝纫衣服的缝线。用连
续的长线缝纫会更容易,这
样做出来也比较整齐。

2 在布料背面下方5mm的
位置熨压边缘。再次熨压,
布料在宽度上会多出3mm
的弹性延伸,此时用大头针
固定。

3 用直线缝的方法,缝纫
抽带管折边的下边。把前四
针和最后四针缝在一起来
固定线,并在上边缘重复这
个步骤。

4 从接缝处拆线,然后把
松紧带从抽带管里穿过去。
调整长度后,固定松紧带的
两端和接缝。

• 裤子拉链

一条拉链牙完全隐藏起来的裤链或暗门襟拉链,
既可以用在裤子上,也同样可以用在裙子和短裤
上。男装拉链的方向是,拉锁安装在右侧,用左侧
插向右侧使用,而女装则是右侧插向左侧使用。

1 用缝纫机缝合拉链底部
到裆部的接缝。

2 在准备嵌入拉链的地
方用缝纫机粗缝出开口,
用最长的直线缝,然后用
手指按压开口。

3 裤子的左侧向下朝向工
作台,把拉链向下居中放在
粗缝线位置。用大头针把拉
链的左侧贴边固定在缝
份上。

• 居中拉链

这种方法可以把拉链的锯齿放于接缝的居中位置。对于初学者来说是一种简单的方法。

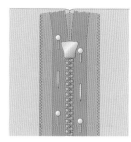

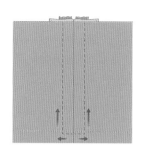

1 在要安装拉链的地方做一条1.5~2.5cm的直缝,留出拉链的长度不要缝合。

2 用最长的直缝针脚完成接缝,不要把线头封死,这只是临时的。

3 压开接缝,反面朝上,拉链牙向下朝向接缝,两侧都用大头针固定。

4 粗缝拉链并固定位置,从衣服的右侧开始面缝。每次都从底部开始向上缝,最后去掉临时缝线。

• 放松量

制作放松量的方法和打褶的方法类似,但区别在于做放松量时面料上不会出现可见的褶裥。这种做法可以用于安装袖子或把裙子装入腰头。

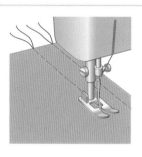

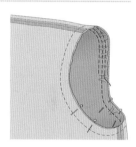

1 把缝纫机调整为最长直缝针脚。

2 在距离缝合线3mm的两侧,缝两条平行的线。

3 沿着打褶线向上提拉面料,拉到相邻布料的尺寸。调整放松量,以平均分布。这里不应该出现任何的折叠或褶裥。

4 按需固定并缝纫袖笼或腰头,然后去除打褶针。

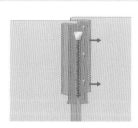

4 把拉链压脚安装到缝纫机上,在距离拉链贴边边缘约6mm的位置进行缝纫,将拉链贴边缝份缝在一起。

5 把拉链拉到右边,用大头针把拉链贴边固定到右侧边缘上,注意要穿透每层布料。把裤子翻过来再钉整齐,展平所有褶皱。

6 用粉笔或临时记号笔标记引导线,从拉链底部到腰线位置进行面缝,固定其位置。移出所有的粗缝线迹并测试拉链。

7 剪一块宽约10cm,长度超出拉链的面料。把这块面料正面朝外折一圈,最后与两边的正面相贴合,再缝合。修整缝份并转过来做成一个拉链底座,并将其压平。

8 在内侧相应位置缝纫拉链底座,将其附在缝份上,这样从外面就看不到缝纫痕迹了。

• 易熔里衬

这种新款的里衬是一侧有热熔性胶的机织面料或黏合面料。它们不再需要手缝,大幅提高了制作定制服装的速度。

把衬里粘在面料下面

1 根据需要剪出布片,把布料正面朝下放在熨衣板上。

2 修剪衬布确保其比衣服裁片小1mm,这样熔胶就不会粘在熨衣板上了。把衬布胶面朝下放在布料上。

3 用蒸汽熨斗熨烫衬布,用蒸汽喷一下裁片。

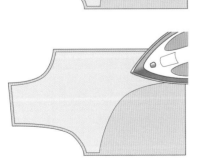

4 缓慢地把衬布压在面料上,直到它们黏合到一起。

• 传统的腰头

腰头是加在裙子或裤子上面的部件,用来完善边缘,可能会在衣服前面、侧面或后面中心有开口。传统腰头适用于所有款式的服装,包括褶裥、省道、折叠或活褶等。腰头需要添加衬里以固定其位置。不同宽度的腰头可以使用柔软的打孔衬里,也可以用或直或弯的硬带条。方法就是粘到布料的反面,缝在恰当的位置。

1 裁剪腰头,剪出合适的长度和宽度,添加缝份,并在布料背面做上衬里。

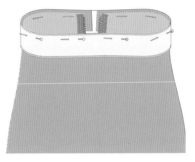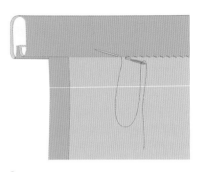

2 把腰头的毛边放在衣服腰线边缘的位置,右侧对齐并拢。用大头针固定,然后用缝纫机直缝。

3 把腰头纵向折叠压平,覆盖住腰线,包住毛边。向下折叠另一侧的边缘并用大头针固定,在一侧端头留出3cm的宽度作为扣位。用缝纫机从外侧凹槽向内侧缝纫镶边,也可以手缝。

4 通过向内折叠一端边缘,并用缭针缝合的方式,完成腰头的一端。与之相对,在较长的边上,就把毛边卷进来然后缭针缝合。在适当位置缝出钩扣、孔眼或者纽扣、扣眼,最终完成腰头。

可替代饰面

用包边缝或锯齿缝来修整腰头边缘,并且平铺在腰头内侧不做任何折叠,最后在凹槽处缝纫以固定。

• 双折边

双折边就是把布料边缘折叠两次,把毛边折到里面隐藏起来。双折边可宽可窄,可以手缝,也可以机缝。在用机织面料和丝织面料做衬衫、上衣、T恤衫、裤子时,使用双折边可以做出平整的边缘。

1 围绕下摆围折叠,把毛边折到与下摆平行的位置。

2 再次向上折叠,把毛边藏到内侧,折到与下摆齐平的高度,并用大头针固定位置。

3 手缝平整,或者用缝纫机面缝。

• 手缝下摆

为了在衣服的正面看不到针脚,对于裙子和裤子来说,手缝下摆是最好的选择。此时用卷边缝、缭针、人字线缝、锁式线缝都可以,选择其中的哪种方法取决于面料的种类和重量以及个人的喜好。手缝下摆并不如缝纫机缝纫得那么结实,但针脚是隐形的。

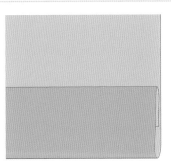 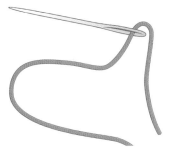

1 准备下摆,在下摆线处折叠并把缝份折到里面。

2 剪一小段颜色相同或近似的线,穿到一根又短又细的针里。

3 选择喜欢的针法缝好下摆。

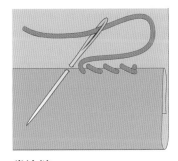  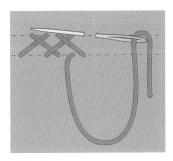 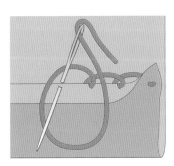

卷边缝
在需要坚固边缘的地方用卷边缝,例如把中质面料缝到重质面料上的时候就可以使用。

缭针
这种方法不如边针法显眼,因此适合精细的面料。为了获得更好的效果,针脚间距要保持恰当、均匀。一般要用颜色相同或近似的丝线。

人字缝
这种方法既适合中质弹力面料又适合重质弹力面料,拉扯摆边时针脚才会"出现"。

锁式线缝
穿过锁缝下摆中的每个针脚,这意味着即使破坏了线,摆边也不会完全散开。缝纫时确保针脚位置恰当、排布均匀,所有重量的面料都可以使用这种缝法。

• 袖内缩缝

用缩缝的方式把袖子缝进肩膀，会产生一个平整、没有折痕或褶皱的边缘。袖子本身可能或短或长、或修身或宽松，但其与肩部连接的地方都应该保持简洁、平坦。

注：
完成肩部、上衣边缝以及袖缝，最好在把袖子缝到袖笼上之前就完成袖子下摆或袖口。

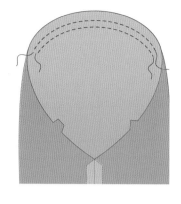 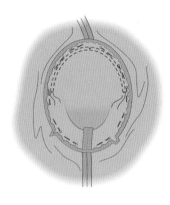 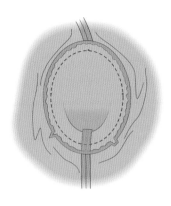

1 把缝纫机设置为最长的直针，在纸样标记点之间、缝线两侧，沿着袖山边缘缝两条平行线（如果使用的是柔软的面料，把两条线都缝在缝线内侧）。

2 放松褶裥，将二者的正面并拢、毛边相匹配。从袖子内侧开始操作，匹配纸样剪口、标记点和接缝。用大头针固定缝线，将小褶裥均匀分布，直至消失。

3 用大头针固定之后，翻过来查看完成后的效果。如果需要就调整一下缩缝的布料，然后再翻回来用标准长度的直缝法进行缝纫。检查完成后的袖缝，用三线包边缝或缝纫机锯齿缝，或者其他合适的缝纫方法来修整内侧的毛边，剪去多余的布料。

• 抽褶袖山

在抽褶袖山上，可以清晰分辨出沿着肩缝折出的褶裥，这些褶裥创造了一圈宽松的鼓起。时尚趋势瞬息万变，但泡泡袖在小女孩中间总是很流行的。这一技法比袖内缩缝简单，但一定要注意均匀地排布褶裥。

注：
在插入安装袖子之前，先完成上衣的肩部和边缝，以及袖缝、袖口边、袖头（如果有，相比连接到一件完整的衣服上之后再处理袖头，先处理单独袖子上的袖头要简单得多）。

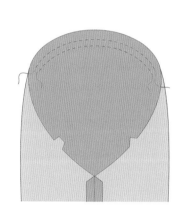 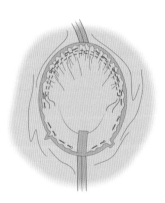 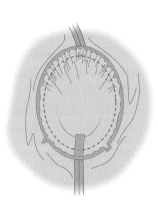

1 把缝纫机设置成最长的直缝针，在纸样标记点之间、袖山缝线两侧缝两条平行线（如果用的是柔软的面料，就在缝份中缝这两条线）。

2 把袖子放到袖笼里，匹配纸样标记点和剪口。拉高褶裥并把它们绕着袖子顶部排列。从内侧用大头针在缝线处固定，粗缝这条缝线来固定均匀排布的褶裥位置。

3 翻过来检查褶裥是否齐整，然后沿着缝线机缝。去除临时的打褶针脚并修整毛边，并将缝份朝袖子的方向压平。

• 衬衫袖口

传统的定制衬衫袖口是用领口、袖口专用帆布加固过的,这种帆布有挺括、整洁的表面。可以使用硬挺的可熔衬布,不过下列技术建议中也涉及自带轻质可熔衬里的更坚挺的帆布。

注:

对于每个袖口来说,都要剪出两块衬衫面料,一块用在轻质可熔衬布上,一块用在袖口帆布上。

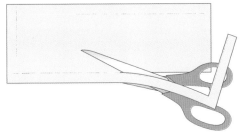

1 在袖口帆布纸样片上,用铅笔和直尺在距离边缘 1.5cm 的位置标记缝份。剪出缝份,包括铅笔线也要剪下来。

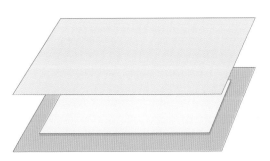

2 把衬衫袖口放在熨衣板上,反面朝上,把帆布放在袖口的中央。将可熔衬布(胶面朝下)放在最上面,把帆布夹在中间,用熨斗小心熨烫,让每层材料粘到一起。

3 把袖口上边缘的缝份压到帆布反面,这会形成一个锋利的边缘。

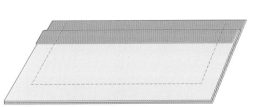

4 把袖口及其贴边正面相对摆放。绕着外边缘,沿着缝线缝纫,缝到临近帆布的位置,但不要缝到帆布。

5 在翻过来之前,把缝份分层,折好角落的地方。

6 把袖口贴边的缝边向内折叠,然后把袖子套进袖口并用大头针固定。从正面开始操作,用折边缝和面缝把袖口缝到袖子上。

7 添加扣眼,并在适当位置缝上纽扣。

• 垫肩

垫肩能成就一件衣服也能毁掉一件衣服。我们的身材并不完美，因此并不总能呈现最好的形体来撑起一件极好的夹克或外套。在时尚的历史上，曾经有过超大垫肩，但没有垫肩的衣服就会缺乏支撑。做一件带有垫肩的夹克或外套时，可以在衣服内侧使用填充料和帆布来做出一个内部的"衣架"。

• 育克

育克会覆盖住上背部和肩部的一片区域，包括外层、下层或面层。它能隐藏毛边，还能提供额外的重量和支撑。

注：
正面和背面都需要准备好打褶、活褶或做其他收尾操作。

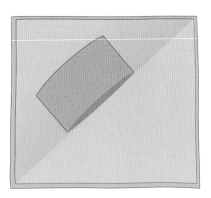

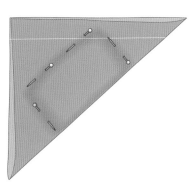

1 拿一块方形纱布放在布料表面，再盖一块方形的薄填料或起绒布。在方形的对角线中心放一块垫肩。

2 把垫肩包起来，沿着外边缘用大头针把各层材料固定到一起。

1 把外育克的正面和衣服后片的正面并在一起，匹配平衡点并用大头针固定。

2 把下育克的正面和衣服后片的反面并在一起，也就是让衣服后片夹在两层育克片之间，再次用大头针固定并把缝合线缝上。

3 确定准确的形状和所需的尺寸，然后围绕边缘进行锯齿形缝纫，剪掉多余的布料。

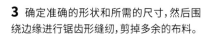

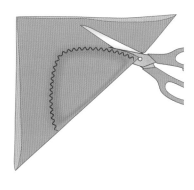

4 手工绗缝垫肩，从外侧开始朝着中心缝纫。把垫肩制作成形，然后缝到衣服上的相应位置。

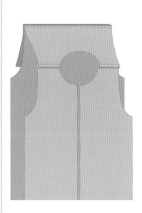

4 把外育克的正面和前衣片的正面并在一起。匹配所有剪口，用大头针固定然后缝合。

5 向下折叠贴片前边缘的缝份，与育克的前缝线相匹配。

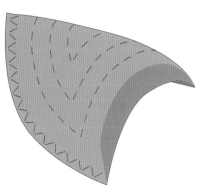

• 衬衫领

衬衫领是领座的延伸,但在这个案例中,"座"位于领口边缘,而"翻领"是领子的上半部分落下来盖住了领座。定制衬衫领通常是硬挺的,穿法既可以是系上领座上的纽扣,使之贴近脖子然后扎一条领带,也可以解开这颗纽扣不扎领带。衬里的坚固程度将决定领子有多正式或有多随意。上领可以扣下来,也可以不扣,领尖可以做成锐角,还可以做成圆弧形。

注:
完成颈部边缘,准备安装领子。

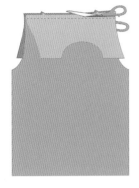

3 对缝份进行修剪和分层。

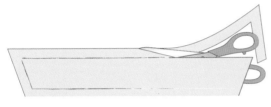

1 在硬挺的领衬外边缘画出缝份,沿着这条线裁剪,包括铅笔印也要剪掉。

2 把硬领衬居中放在上领面的背面,把轻质可熔衬布放在最上层。把硬衬里夹在上领面和可熔衬层中间,并进行加热贴合。

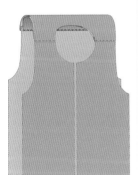

6 用手缝,或者用顶缝、边缝把几层布料缝到一起,完成育克。

3 把上领面和下领面(领子贴边)正面相对放在一起。用渐消马克笔或裁缝大头针标记领尖,沿着缝线进行缝纫。修剪缝份,翻过来并压平,完成边缘缝纫。

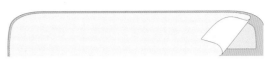

4 用上述方法为领座准备硬挺的衬里,在与颈部接合的那一侧熔合。

5 把领子夹在领座片之间,匹配所有纸样上标记的剪口和标记点,然后缝到一起。把缝份合并到内侧,转向正面,用熨斗熨出挺括的表面。

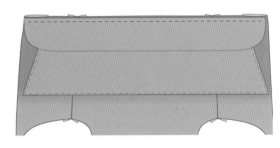

6 把领座外侧连到颈部边缘的正面并缝合(如果需要,可以剪到颈边缝份的内侧,以方便匹配)。

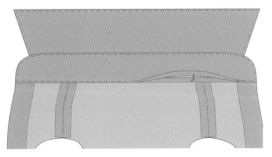

7 卷起领座内侧的缝份并用大头针固定,穿过每层布料进行边缝。

• 贴袋

贴袋是最容易做的口袋之一,要放在布料的正面相应位置并使用间面线缝。贴袋可以是有里布的,也可以是无里布的,有缝份,只是会在缝到衣服上之前把缝份压到里面。

注:
用熨斗把轻质可熔衬里熨到布料的反面,以此来加固口袋。

无里布

1 按照减掉缝份后的完成版口袋大小,制作一个纸样片。

2 整理口袋上边缘,然后把上边缘折叠到布料的正面,沿着缝线缝合。

3 将口袋上边缘反过来,把纸样片塞进去。把口袋正面朝下放在熨衣板上,纸样片包在中间,把口袋边缘压上来,盖住其边缘,形成口袋的形状。粗缝以固定形状,然后用缝纫机缝合上边缘。

4 把口袋放在衣服上,并把边针和顶针缝好。最后在顶部的角落用套结来增加额外的强度。

有里布

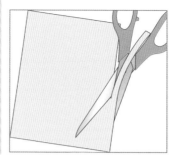

1 沿着里布边缘修剪2mm。

2 把里布缝到口袋正面,二者正面相对,在缝线中间大概留4cm宽的间隙,把毛边压向里布。

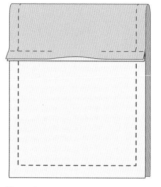

3 口袋片和里布的正面相对、边缘对齐,沿着外边缘用大头针固定,然后把两层布料机缝到一起。

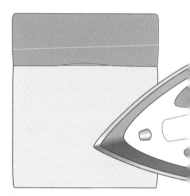

4 修剪、分层,然后穿过里布和口袋片之间的洞(翻过来),再熨平。

5 用手缝缭针缝合开口,或者在正面进行间面缝,形成装饰性效果(同时缝线处的豁口会被缝合)。

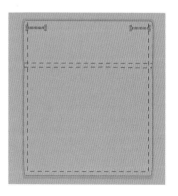

6 把口袋摆放到位,缝边以固定位置。如果需要,也可以加上间面缝,最后用套结加固顶角。

• 给裙子加里布

连衣裙的款式有很多种,每个设计都对如何裁剪和添加里布有具体的要求。总体来说,如果连衣裙有腰线,就要把上衣和裙摆里布分开裁剪,然后再接到一起。

注:
制作连衣裙的上衣部分和裙摆部分。

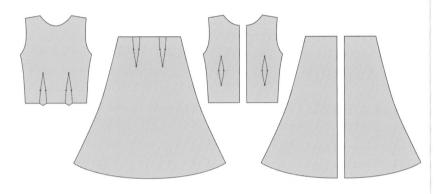

1 用合适的布料剪出衬片。如果没有衬里纸样片,可以直接用连衣裙纸样片。

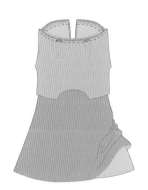  

2 做出裙摆并在上衣的腰线缝份处粗缝,缝合位置刚好在缝线内侧。

3 因领口款式的不同,衬里可能会直接机缝到颈部或领口贴边上。领口完成后,通过在缝份中粗缝的方式,于袖窿处将上衣衬里与连衣裙连接。

4 在腰线处把缝份卷进去,用大头针把裙摆和里布钉到一起并缲针缝合。在拉链处把缝份卷进去并用缲针缝合。缝合袖子(有里布或无里布),并整理边缝。

• 给裙摆加里布

给裙摆加里布会加大裙身,让裙子穿起来更舒服,同时也能延长裙子的使用寿命。无论是直筒裙、伞裙、碎褶裙还是百褶裙,任何裙摆都可以加里布。一般情况下是按照裙摆纸样裁剪的,用里衬面料制作,然后在腰线处连接,而且不需要单独的纸样。

直筒裙或A字裙

1 按照裙摆纸样裁剪里布面料,把裙摆里布正面相贴地缝到一起。在拉链位置留一个豁口,如果有背衩也需要留一个豁口。标记省道位置,但不要缝合。

2 把里布拉到裙摆里,二者背面相贴。在腰线处用大头针固定并折入省道,然后进行粗缝。

3 在拉链处把缝份折进去,在相应位置进行缲针缝。添加腰头,缝合裙摆和里衬,修整里布边缘。保持里衬后衩敞开,但只整理毛边。

术语表

平衡点
平衡点或平衡标记是指在构建服装时,有助于校准布料片的所有剪口或小圆点。

粗缝
粗缝是手工或使用缝纫机进行的临时缝纫。

絮片
絮片用于绗缝,絮片是一种粗厚的、柔软的、层叠的材料,是用在表层面料和里衬之间的隔离物,也叫作"絮料"。

斜纹/面料斜向纹
介于经线和纬线之间,面料的斜向纹。

裁剪排料说明
制造商关于在面料上排布纸样片的说明—— 最经济实惠的排布方式,可以保持纸样片处于"布纹线"或折线上等。许多排料说明都会提供多个版本,以适用于不同面料宽度和不同的纸样尺寸。

放松量
放松量是指内置于缝纫纸样中、非身体尺寸的一块空间,它让身体在衣服中的活动成为可能,并且有助于塑造想要的服装轮廓。

折线
有些纸样片要在折叠后的布料上使用,折线则用来指示排布这类纸样片的位置。把布料正面贴着正面折叠,通常是纵向折叠,这样边缘能对齐。纸样片上会有一个指着方向的箭头,标明如何在折叠面料上放置纸样片。

布纹线
布纹就是机织布料的方向。平直或纵向的经向线顺着经纱,平行于布边。横向线则顺着纬纱,与经线呈直角。大部分服装裁制纸样片都需要在纵向经线上裁剪,这样会把拉伸幅度降到最小。

手感
这个术语用来描述面料的手感、垂坠感、折边、褶裥等,例如挺括的、柔软的、有分量的或硬挺的。

内衬

用在反面来支撑服装某个衣片稳固的布料，例如领子或口袋背面。

里布

缝在衣服内侧的单独布料，用来隐藏所有毛边，帮助衣服获得良好的穿着效果。

丝光整理

一种赋予布料强度和光泽的处理方法。

绒头

绒头是指丝绒、毛皮这类面料上凸起的纤维。带绒头的、单向阴影的面料或设计，可以用"倒顺毛"裁剪排料的方法摆放纸样，让所有相关片上的绒头都朝向同一个方向。

天然纤维

用非合成原料做成的面料，例如棉或亚麻植物、蚕蛾丝，或者羊毛。

剪口

纸样上的三角形标记，用于匹配两张相关的纸样片。可以是单个、两个、三个，有相同剪口组合的纸样片可以组合到一起。务必要剪开剪口的外侧，避免在缝份中散开。

键接线

印在纸样上的一种线，指示诸如口袋、贴边襟翼、明门襟等设计细节所在的位置。

公主线

一种连衣裙上的弧形缝，从衣服前、后片的肩膀或袖窿一直延伸到下摆边，形成6块衣片（不包括后中缝线）。

缝份

在缝线和布料边缘之间的一段距离，通常为1.5cm，时装缝纫中一般是2.5cm。

布边

布料的侧边。布边一般比布料编织得更紧密。

包边缝纫机

虽然这种缝纫机可以制作很多其他效果，但它最初被设计出来是为了一步到位地缝纫和修整布料边缘，也称为"锁边机"。

丝绸

丝绸面料有很多品种，每种都有略微不同的样貌。面料的名称包括查米尤斯绉缎、雪纺、中国绉纱、双宫茧、加扎尔纱、乔其纱、绵绸、透明硬纱、生丝、砂洗绸、山东绸、泰国丝绸以及柞蚕丝等。

切缝和展开法

一种对纸样添加放松量的方法，通过这种方法切割、展开纸样片，增加体积后再重新绘制。

槽内缝纫

这个词用来描述在布料正面已经有过的缝线位置进行再次缝纫，把衣片缝纫在一起，例如腰头。

合成纤维

一种用非天然原材料制成的面料，例如尼龙、涤纶、聚丙烯腈系纤维。

裁缝人体模特（也叫服装人体模特）

一种用来辅助服装制作的人体模型。

躯干原型纸样

是一种下延到臀线的上衣原型纸样。

版权贸易合同登记号　图字：01-2022-0347

图书在版编目（CIP）数据

服装制作基础：图解服装纸样设计与缝纫 ／（英）李·霍拉汉（Lee Hollahan）著；姚珊珊译. -- 北京：电子工业出版社，2023.2

书名原文：How To Use, Adapt And Design Sewing Patterns

ISBN 978-7-121-44877-5

Ⅰ. ①服… Ⅱ. ①李… ②姚… Ⅲ. ①服装设计－纸样设计－图解 ②服装缝制－图解

Ⅳ. ①TS941.2-64 ②TS941.63-64

中国国家版本馆CIP数据核字(2023)第007378号

责任编辑：王薪茜　特约编辑：马　鑫
印　　刷：北京利丰雅高长城印刷有限公司
装　　订：北京利丰雅高长城印刷有限公司
出版发行：电子工业出版社
　　　　　北京市海淀区万寿路173信箱　邮编：100036
开　　本：889×1194　1/16　印张：9　字数：302.4千字
版　　次：2023年2月第1版
印　　次：2023年2月第1次印刷
定　　价：89.90元

凡所购买电子工业出版社图书有缺损问题，请向购买书店调换。若书店售缺，请与本社发行部联系，联系及邮购电话：（010）88254888，88258888。

质量投诉请发邮件至zlts@phei.com.cn，盗版侵权举报请发邮件至dbqq@phei.com.cn。

本书咨询联系方式：（010）88254161~88254167转1897。